大自然的威脅

▲日本鹿兒島縣櫻島的火山雷

櫻島的火山活動相當頻繁，照片上的是噴發時上升的火山灰與水蒸氣摩擦生電，導致放電現象的火山雷（第 70 頁），看起來很像電腦繪製的特效作品。

影像提供／宮武健仁／Aflo

大自然孕育著地球上的各種生物，但有時也會引起地震、火山爆發、颱風等天然災害，一起來了解地球上發生的各種自然威脅。

影像提供／ Aflo

◀▼遭熱浪襲擊的地區

熱浪也會引起災害。印度曾出現道路融化現象；中國發生過道路鋪面剝落並黏在汽車輪胎上的情況。

影像提供／ Newscom/Aflo

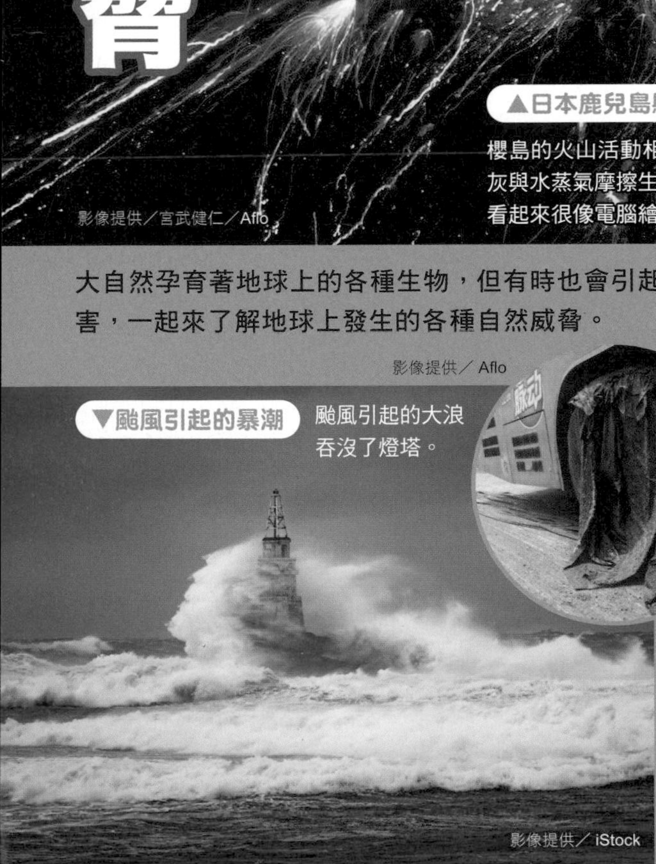

▼颱風引起的暴潮

颱風引起的大浪吞沒了燈塔。

影像提供／ iStock

▼超大胞

在幾個小時內迅速發展出來的超巨大積雨雲，不只會帶來大雨，有時雲層下方還會出現超強龍捲風。

影像提供／iStock

地球誕生至今大約46億年，如今仍然持續活動，地表樣貌也受到氣象和火山活動影響，每天都有不同的變化。讓我們一起探究因大氣、海洋、氣溫等各種因素持續變化的地球樣貌。

影像提供／iStock

影像提供／Nicole Macheroux-Denault / Shutterstock

▲非洲的蝗蟲大爆發

當乾燥地區降下大雨，能成為蝗蟲食物的植物長得比往年茂盛，有時就會導致蝗蟲過度繁殖的現象。若數量增加得太多，蝗蟲就會將農作物吃光，出現糧食不足的狀況。

影像來源／Ypsilon from Finland via Wikimedia Commons

◀冰島裂縫

地球表面的板塊出現裂痕，裂痕持續擴大形成裂縫，每年往兩側擴大數公分。

從繪畫看江戶～明治時代的災害

大地震

日本幕府時代末期安政年間（1854~1855 年）的安政大地震，是發生於目前密切監控的東海與東南海地震，受災地區從關東一路擴及至九州南部。在地震頻繁的時代很流行「鯰繪」。

壓制可恨的鯰魚！
婦女
哎呀！真討厭，好臭喔！看到鯰魚就要揍牠！
小孩
鯰魚寶寶也要壓制～

影像提供／國際日本文化研究中心

◀懲治地震魚（鯰魚）

早在江戶時代之前，日本人就認為地震是由鯰魚引起的，因此地震受災戶視鯰魚為敵人。

▼鹿島神宮與「要石」

鹿島神宮祀奉的建御雷神被稱為鹿島神（鹿島大明神），是鎮住地震的神祇。相傳放置在鹿島神宮的「要石」壓著鯰魚頭，避免鯰魚亂動引發地震。

對付鯰魚要用吃的！

▲烹煮鯰魚的神祇（鹿島大明神）。

不能解決就求神？

▲在亂動的鯰魚身上貼「要石」符咒的情景。

（中、左圖）日本國立國會圖書館

▲現在的要石。

影像提供／日本鹿島神宮

疫病

霍亂是流行於江戶時代末期的流行病，當時的染病途徑不明，日本人為了避免染疫，紛紛貼符或祈求神明與佛祖保佑。雖然部分蘭學者（透過荷蘭文學習西洋文化的學者）和西洋醫師努力推廣預防傳染病的方法，但直到明治時代新政府誕生後，日本政府才正式推廣公共衛生的觀念。

▶妖怪「阿瑪比埃」

江戶時代末期出現在現今熊本縣大海的妖怪。相傳祂曾經現身提醒世人：「……如果發生流行病，就把我的畫像給百姓們看。」說完便消失無蹤。

日本京都大學附屬圖書館

妖怪「虎狼痢」現身！

影像提供／日本東京都公文書館

▲擊退妖怪「虎狼痢」之圖

當時的日本人認為霍亂是一種虎頭狼身的動物，這幅錦繪（彩色浮世繪）上說「梅醋可以有效擊退霍亂」。

最新防災設備特集

日本是自然災害大國，從過去發生的各種災害經驗與反省應變的過程中，發展出許多防災與減災機制。這裡介紹的是為達防災與減災目的所研發與應用的最新裝置。

▲氣象衛星向日葵

從外太空監控地球，可早期發現颱風等天氣現象的發生。

影像提供／日本氣象廳

影像提供／ HAMOCO JAPAN co.ltd

◀只要水與鹽就能發電的「鎂電池 MGV」

發生天災時如果沒有電池，也能用身邊的物品發電。

影像提供／日本京都市消防局

▲消防用無人機

發生重大災害時，可從高空收集大範圍的整體資訊，或深入人類無法前往的地方收集資訊。

影像提供／千葉工業大學株式會社日南

▲小型災害機器人「櫻壹號」

可以在樓梯和狹窄處行走，具有絕佳防水性，安裝在頂部的攝影機可以調查搜索各種場域。

影像提供／傳遞思念的百貨公司「TSUNAGU」

▶足球型海嘯避難器

這款足球型避難器可以乘坐 5～6 名成年人，耐撞性強，遇到地震或海嘯時可以提供安全避難。

▶救生艇「LIFE SEEDER」

海嘯、水災專用救生艇，可以漂浮在水面上，備有 7 天份的糧食與水。

影像提供／株式會社信貴造船所

哆啦A夢
DORAEMON

知識大探索

KNOWLEDGE WORLD

天然災害防護罩

哆啦A夢知識大探索
天然災害防護罩

目錄

刊頭彩頁

※ 未特別載明的數據資料，皆為 2020 年 9 月的資訊。

第二章 從歷史中學習

藉由這些篇幅深入說明與災害有關的歷史和事件。

※ 請注意，災害發生時最適當的因應行動，會依場所與條件而有不同。

前言

靜岡大學教育學部教授・靜岡大學防災綜合中心副中心長

村越真

各位知道發生在二〇一一年的東日本大地震嗎？當時大約有兩萬人因海嘯死亡。地震發生的時候，各位的年紀都還很小，可能有些人曾經聽大人提過這場深深刻印在日本人記憶裡的天災。一九九五年也曾發生阪神大地震，當時約有六千人因房屋倒塌或大火而不幸身亡。日本就全世界來說，是地震相對較頻繁的國家。

侵襲日本的天然災害不只有地震。日本還有超過一百座活火山，這些火山隨時都可能爆發。二〇一四年，御嶽山火山的噴發導致多人死亡，相信有些人還記憶猶新。此外，日本每年都有颱風，梅雨季的豪大雨也常導致多人身故。各位的生活周遭，或許也有人遭遇過鄰近河川氾濫、山崖崩落等天然災害。

不僅如此，如今新冠肺炎疫情爆發，為各位的生活帶來許多不便，再也無法像過去那樣盡情享受自己喜歡的事。一定有人很擔心，要是自己確診，那該怎麼辦？

我同意，天然災害與傳染病真的很可怕，確實會讓人不安，但仔細想

想，人生在世就必須好好面對所有災難厄運，這是無法擺脫的命運。日本正因為有地震與火山，才能擁有如此豐富美麗的地貌和風景。降雨量多的地方農業發達，可以孕育許多人口。有些學者認為，病毒也是生物進化不可或缺的推手。

隨時做好準備因應天災，有助於我們辨別安全隱患與災害。顧名思義，災害就是會造成損害與危害的事物；安全隱憂則是引發災害的自然現象，例如地震、火山、颱風下雨就是自然現象。此外，單純的自然現象不會引起災害，在無人居住的地區，就算發生地震或海嘯也不會造成損失。簡單來說，即使出現自然現象也不會造成損失的生活型態相當重要。對抗新冠肺炎病毒的防疫對策也是一樣的。

我們應該思考發生天然災害或傳染病時，該怎麼做才不會危害我們的生命財產安全，這正是本書的內容重點。請各位善加利用本書內容，減少損失。此外，本書也詳細解說自然現象的形成機制，內容可能會讓小學生覺得有點深奧難懂，但只要了解形成機制，各位就能想出最好的因應方法。不妨想像自己就是面臨災害與疫病威脅的主角，主動思考並採取最適當的行動，克服困難挑戰，這是身為防災研究者最大的心願。現在請跟著我一起加入冒險，對抗威脅吧！

四季徽章

已經十月……今年也只剩下兩個月了。
時間過得真快……
回頭想想……
有好多想做的事都沒有做呢。
喔！
原來你也會反省自己的人生啊。
所以你有什麼事情沒做的？
拿暑假來說吧！
至少應該再去三次海邊啊。
春天賞花沒有去成！
冬天爸媽也沒有帶我去滑雪，真是遺憾。
全都是玩樂嘛！

Q 燕子低空飛行代表天氣會變差，這是真的嗎？

再過不久，冬天又要來了。
之後還有春天、夏天、秋天，到時候再去滑雪或游泳就好啦。
不行！今年的夏天就只有一次！
今年的春天也不會再回來！
做了不可挽回的事啊！
哇啊～
真拿你沒辦法……
「四季徽章」。
調整這個轉盤，半徑三公尺範圍內就會變成那個季節。
哇！
好熱啊！

※炙熱～～

A 真的。燕子吃昆蟲，天氣變差時昆蟲飛得較低。至於昆蟲低飛的原因，有一說法認為是「溼度上升導致昆蟲翅膀變重」。

Q 路面積水超過多少公分就會使汽車漂浮起來？

A 大約五十公分。順帶一提，路面積水超過三十公分可能就會導致汽車熄火。

天然災害防護罩Q&A

Q 導致短時間下大雨的積雨雲，頂端高度與日本的富士山差不多高。這是真的嗎？

A 假的。積雨雲高度約為十到十五公里，不只比富士山（約三七七六公尺）高，甚至比聖母峰（約八八四八公尺）還高。

天然災害防護罩Q&A

Q 雨滴呈水滴狀，這是真的嗎？

A 假的。當雨滴落下時，會受到空氣阻力，原本的圓形會受到擠壓。

不只是大雨？探究洪水與形成原因！

各位知道嗎？日本從夏季到秋季這段時間雨量特別多唷。下雨確實容易引發洪水，但事實上，引發洪水的原因不只是下雨。

什麼是洪水？

降下大雨時，河川的水量就會比平時增加。水量急速增加導致河水外溢，導致淹入民宅、使農作物泡水等各種損害，這就是「洪水」，屬於天災的一種。

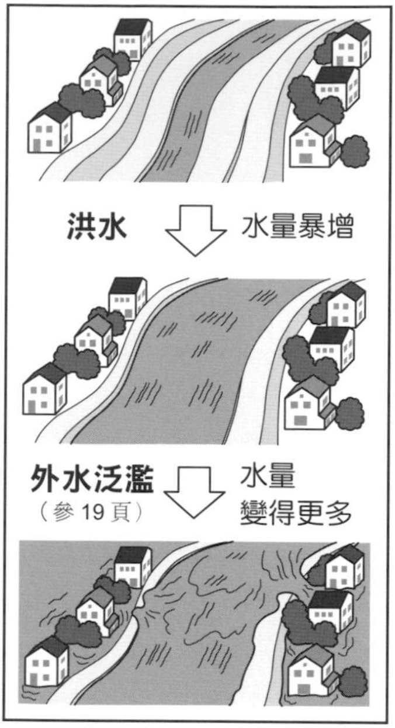
洪水
水量暴增
外水泛濫
（參 19 頁）
水量
變得更多
▲洪水與氾濫。

為什麼會發生洪水？

洪水發生的原因除了下雨之外，也和地形密切相關。

上游降下的雨水和下在周邊的雨水，匯流至河川中，導致水位上升，有時水位會溢過河堤，引發洪水。因此，是否會引發洪水，除了要看雨量之外，河川的寬度、深度，以及堤防的高度都是因素之一。

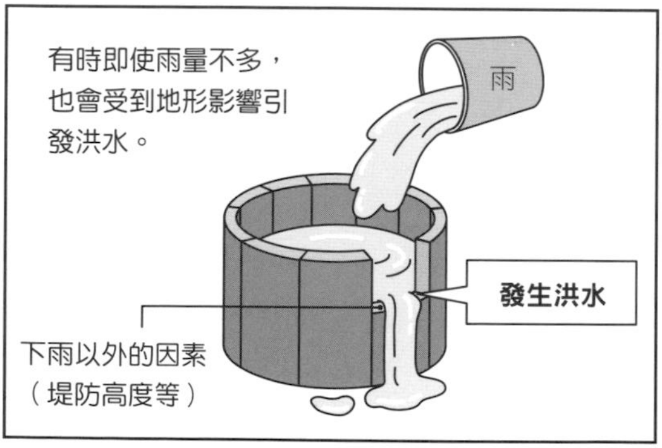
有時即使雨量不多，
也會受到地形影響引
發洪水。
雨
發生洪水
下雨以外的因素
（堤防高度等）
▲發生洪水的原因。

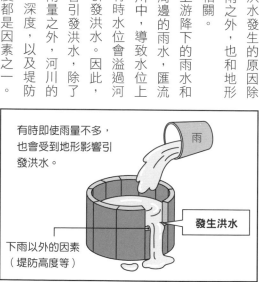

說來就來！短延時強降雨

局部地區的「短延時強降雨」也是會引發洪水的原因，近年來電視節目經常報導這類現象。

短延時強降雨，指的是數小時內集中在特定地區降下的強烈暴雨。

短延時強降雨發生時，天空會出現一大片又黑又大的烏雲，離地大約十五公里。雲裡吹著秒速大約十公尺的風，如此強風若發生在地表，可以直接將傘吹斷，折成兩半。

話說回來，雲是如何生成的呢？

被風往上吹的空氣會一直上升，高空的氣壓較低（大氣壓力），空氣就會膨脹，溫度下降，逐漸變冷。空氣中含有肉眼看不到無形的水蒸氣，氣溫越低，空氣中的水蒸氣含量也會越少。因此，當空氣變冷，被逼出來的水蒸氣就會凝結成有形的水滴或冰粒，這就是雲。

「可在短時間降下豪大雨」的積雨雲是帶來短延時強降雨的源頭。積雨雲亦稱為雷雨胞，是由富含水蒸氣的空氣急速上升形成的。

如下圖所示，一片積雨雲一般只需大約一個小時就會消失，但由下方往上空吹的風，又會陸續形成新的積雨雲。由於這個緣故，豪雨可以持續好幾個小時。

下圖圖示中，排成一列的積雨雲稱為「背後成長型颮線」，超過一半的短延時強降雨是來自這樣的背後成長型颮線。形成颮線的地區，只要九個小時就能降下該地區年雨量百分之二十六的雨量。

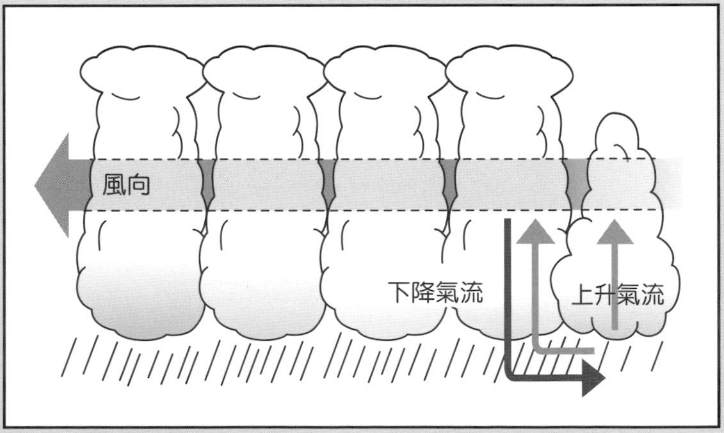

▲背後成長型颮線。

接著來談談降雨量。氣象預報中，氣象主播在播報會下多少雨的時候，通常會說「每小時降下〇〇毫米的大雨」。各位是否曾經好奇那些雨量是如何量測的，是否覺得好神奇？

日本氣象廳使用「傾斗式雨量計」測量雨量，這款雨量計使用三角形「傾斗」，當一定水量進入，「傾斗」就會傾倒。由於每次進入「傾斗」的水量都是固定的，可知每傾倒一次，降雨量即達到零點五毫米。「傾斗」傾倒時會發出訊號，可累積記錄總共下了多少雨。

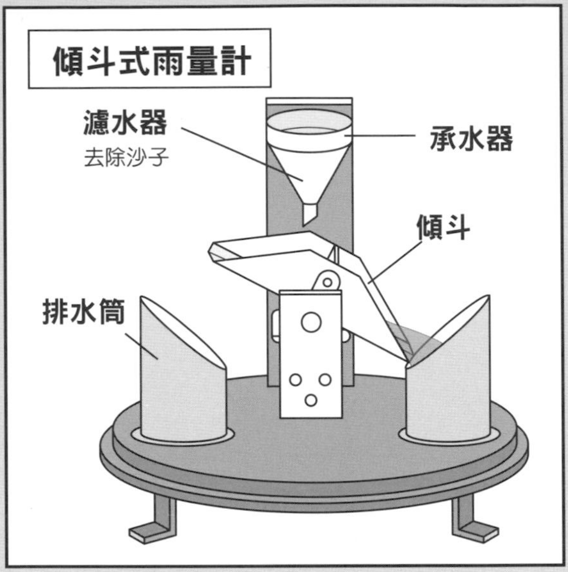

▲雨量計的作用機制。

日本將時雨量達到八十毫米的雨稱為「猛烈豪雨」，背後成長型颱線的特性是降雨很難在短時間內停止。每小時降雨量超過八十毫米的雨，代表雨量計的「傾斗」至少傾倒了一百六十次。順帶一提，日本時雨量的最高紀錄為一五三毫米，十分驚人！換算成「傾斗」的傾倒次數就高達三百零六次！這個雨量已經達到必須在「猛烈豪雨」之上再設置新的等級（台灣雨量的最大等級為二十四小時內累積雨量超過五百毫米的超大豪雨）。

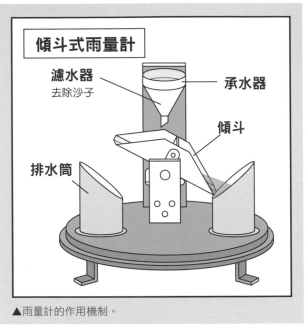

探究降雨以外的洪水成因！

在一開始說明時提到過引發洪水的原因不只是雨，既然如此，還有哪些原因會引發洪水？當中一個原因是日本的河川特性。

日本河川大多起源於高山，順著陡坡往下游流到出海口。一旦下雨，湍急河水就會從上游往下游流動，遇到河川寬度較窄或深度較淺的區域，河水就會往外溢。過去有許多河川不斷氾濫，頻繁發生洪水災情。這一點與台灣的河川特性相同。

此外，河川周邊土地的樣貌也會影響洪水發生的難易度。森林與農田在某種程度上可以吸收雨水，避免雨水溢出地表（保水力）。現代社會高度城市化，農田越來越少，路面鋪設柏油，樹木也遭到砍筏，林地改成住宅區，大幅降低自然土地的保水力。也就是說，雨水降至地面後，很難滲入地底，導致直接流入河川的水量變多，自然也會使得河川水位升高。

由於儲存雨水的能力變差，雨水降至地表後很容易直接流入河川。

河川
氾濫

發生洪水時該怎麼辦？

為了避免河水流入住宅區和農田，許多地方會興建又高又堅固的堤防。不過，如果遇到堤防破損，或是河水漫過堅固的堤防時，就會引發水災。如此一來，周遭土地就會被水淹沒，洪水還會流進民宅，甚至將房屋沖垮。相信大家都知道水的力道很強，上述現象就是所謂的外水氾濫。另一方面，當河川水位上升，即使河水沒有漫過堤防，還是可能引發水災。

我們每天行走的馬路下方有著下水道，雨水會流入下水道，排往河川。在都市地區，由於雨水很難滲入地底，流入下水道的水量也會增加。你知道如果流入

河川
堤防

▲內水氾濫。

河川
堤防

▲外水氾濫。

河川的水量超過流入下水道的水量，結果會如何嗎？沒錯，水就會逆流，然後從人孔蓋溢出馬路。這個現象稱為內水氾濫，也就是水從排水口逆流出來。

這時，還有其他需要注意的現象會發生。假設水要從河川的某個支流匯入水位上升的主流，此時主流的水會像牆壁一樣擋住水流，造成支流的水無法匯入，形成逆流，氾濫成災。

這個現象稱為

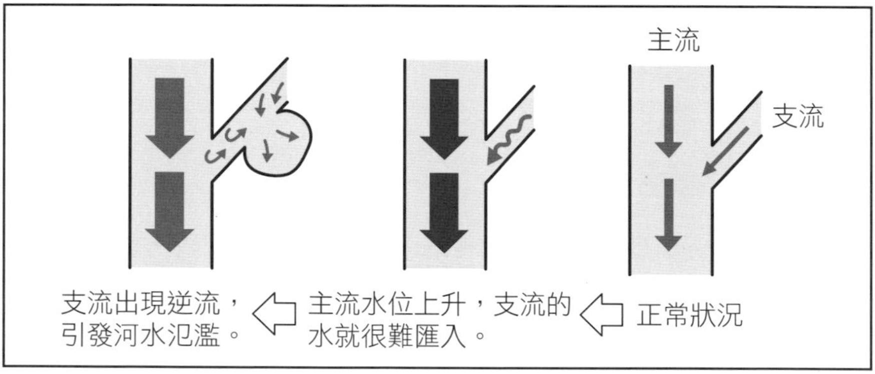
主流
支流
正常狀況
主流水位上升，支流的水就很難匯入。
支流出現逆流，引發河水氾濫。

▲回水效應。

回水效應，即使主流的水位並未溢過堤防，也會在意想不到的地方發生淹水災害。

不能只注意水！什麼是土砂災害？

土砂災害指的是山坡或懸崖崩塌，導致大量土壤砂石往下衝，壓毀建物，或是混著水的砂石沖垮房子的天然災害。土砂災害不只會發生在大雨過後，地震和火山爆發也是肇因之一。

土砂災害的成因可分成以下三大類：

● **土石流**：大量降雨導致高山或山谷土石瞬間滑動的現象。滑動的力量就連比人還大的石頭與樹木都會被沖走，因此通常會造成房屋、道路和橋梁的毀損。

● **山崩**：大範圍山坡帶著地面

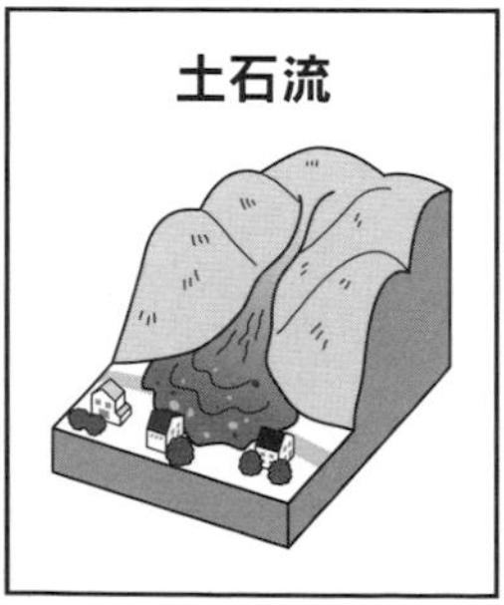
土石流

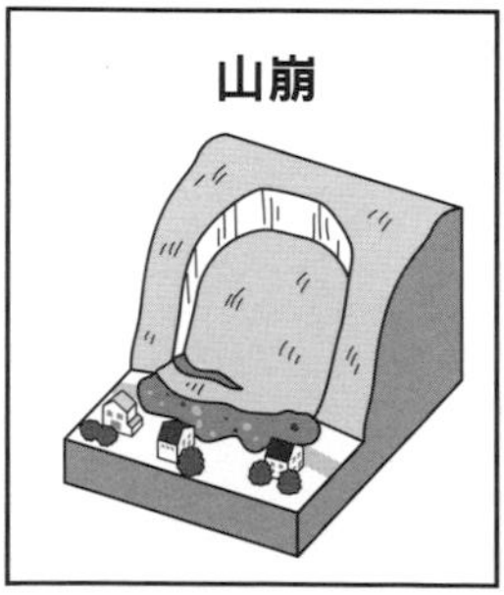
山崩

的房子和農田一起移動的現象。最常見的原因是地下水流經含水量高的地層，使上方地層浮起位移，通常在颱風等集中性大雨過後容易引發山崩。不過，梅雨等長期下雨，或下大雪的地區融雪過後等水量較多的時期，也容易山崩。

●**邊坡破壞**：含有大量雨水的邊坡突然崩落的現象。含水量較高的土地容易崩塌，即使外觀看起來沒有變化，還是要多加注意。

邊坡破壞

舉例來說，短時間內降下大雨，之後再發生地震，也可能出現整座山壁崩塌這類大規模邊坡破壞現象。邊坡破壞的原因不只是「大雨」或「地震」，有時也可能是雙重災害綜合造成的。

未來降下大雨的機率將越來越高？

「自動氣象數據採集系統」（AMeDAS）是日本使用的氣象資訊收集系統，能夠自動觀測全國降水量、氣溫和風向。參照以下數據，即可得知每小時降雨量超過五十毫米（有災害之虞的雨量）的發生次數有越來越多的趨勢。

IPCC聯合國政府間氣候變化專門委員會做出預測，日本未來降下致災性大雨的機率將逐漸增加。但這不是日本才有的變化，綜觀整個地球，如今雨量變多的地方增加，雨量變少的地方則減少。我們除了要注意自己居住的地區，未來也要關注整個地球的氣候。

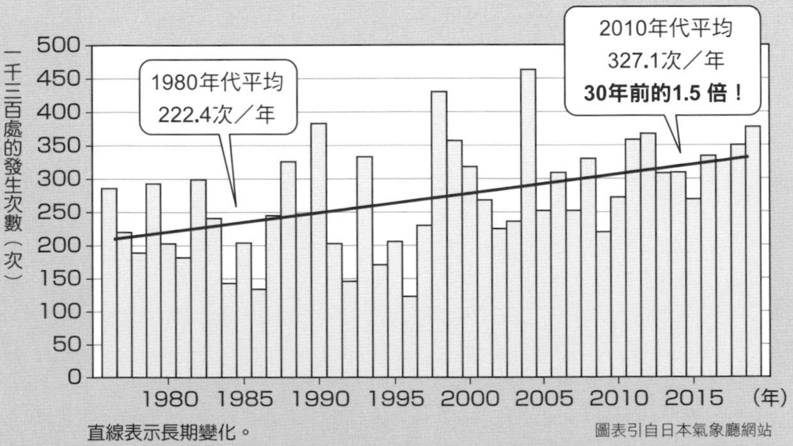
一千三百處的發生次數（次）
500
450
400
350
300
250
200
150
100
50
0
1980
1985
1990
1995
2000
2005
2010
2015
（年）
1980年代平均
222.4次／年
2010年代平均
327.1次／年
30年前的1.5倍！
直線表示長期變化。
圖表引自日本氣象廳網站

▲全國（AMeDAS）每年每小時降雨量超過50mm的發生次數。

颱風眼——風子

啾啾啾啾啾……
啾啾啾啾啾啾。
好了，該回籠子裡去囉。
牠好聽話喔！
因為我從鳥蛋的時候開始飼養。
不論是什麼動物，只要用心疼愛，都會變得跟你很親密。
我也好想養動物喔！從蛋開始養，打從心底疼愛牠。
你馬上就想學人家。

這個是……
到底是什麼東西的蛋啊？
什麼東西都沒關係啦。
借我吧！我會好好養的。
我先告訴你喔，
不管孵出什麼東西，都要好好疼愛牠！
不可以欺負牠，或是丟掉喔。
我知道啦。
大雄，你不舒服嗎？
什麼？你在孵蛋？
媽媽反對你養動物！
媽媽，沒關係嘛。
無論什麼東西，能夠好好愛護牠是件好事。
這也是為了大雄好啊……

Q 颱風若變成溫帶氣旋就沒有任何威脅了。這是真的嗎？

A 假的。有時候溫帶氣旋還會持續發展，吹起強風，一定要小心謹慎喔！

天然災害防護罩Q&A

Q 赤道上沒有颱風，這是真的嗎？

颱風的飼料，
原來是熱空氣啊。
等一下，
還不行吃。
可以吃了。
好吃嗎？風子。
讓它吃太多變得太大會很麻煩的。
去撿回來，風子。
好棒！風子真聰明。
如果你們欺負我，
風子可是會教訓你們的。
ブオウ

※咻咻

A 真的。赤道上空的風不會產生漩渦，因此不會形成颱風。

嗯 你也想一起睡？
真是愛撒嬌！
フーンフーン
※咻咻
你的睡相太糟囉！
※掀開
不管去哪裡都想跟來。真是頭大。回去。回去。
真是可愛。
呀啊！
啊 不可以惡作劇！
這是風子做的？
他的惡作劇越來越過分了。
趕快把那種東西丟掉啦！

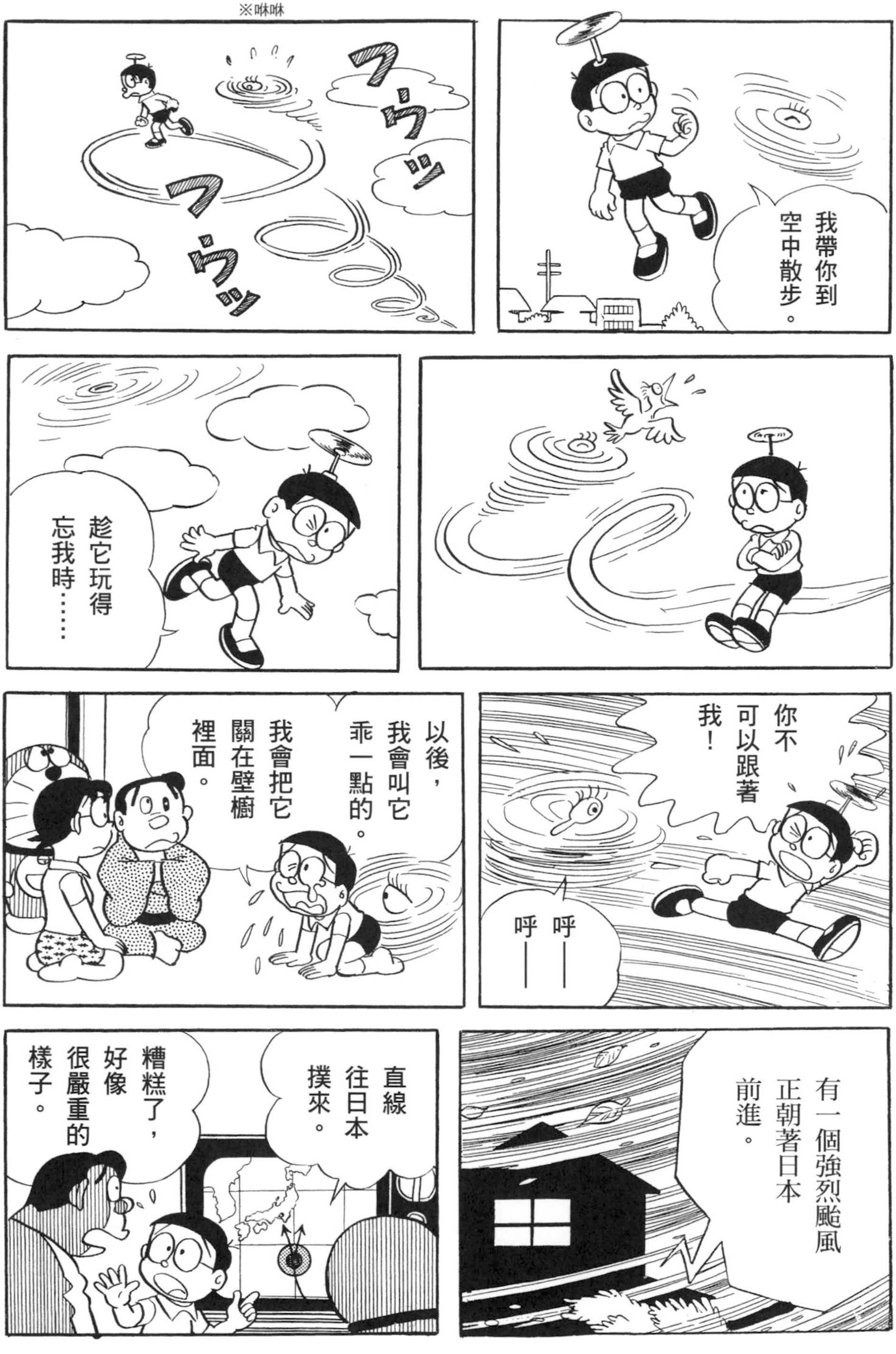
我帶你到空中散步。
※咻咻
フウッ
フウッ
趁它玩得忘我時……
你不可以跟著我！
呼——
呼——
以後，我會叫它乖一點的。
我會把它關在壁櫥裡面。
有一個強烈颱風正朝著日本前進。
直線往日本撲來。
糟糕了，好像很嚴重的樣子。

Q

日本的氣象預報從來不說「颱風登陸沖繩」，這是真的嗎？

A 真的。在日本，「登陸」指的是颱風中心抵達北海道、本州、四國、九州海岸，沖繩只會以「通過」來表示。

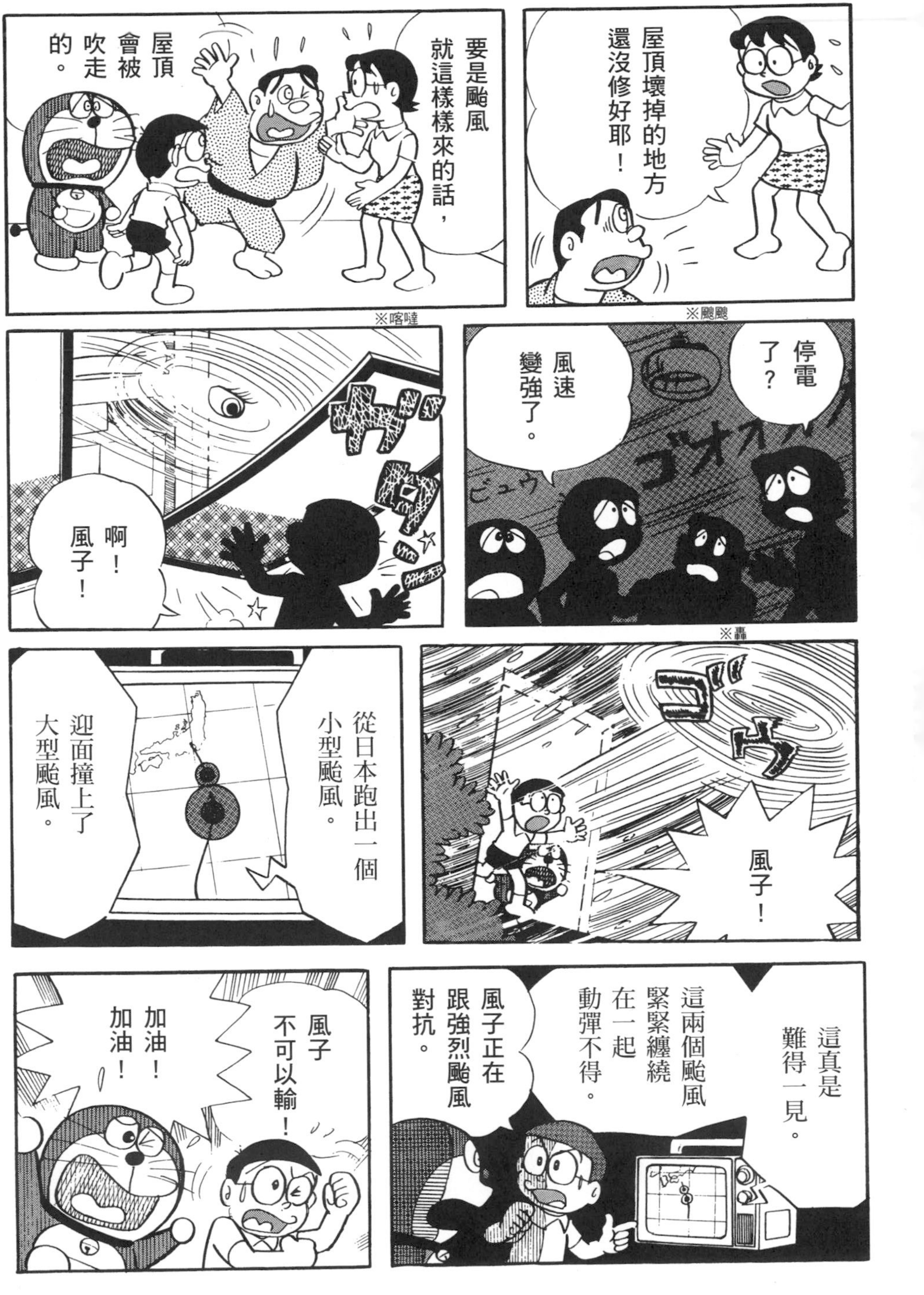

屋頂壞掉的地方還沒修好耶！
要是颱風就這樣樣來的話，
屋頂會被吹走的。
※颼颼
停電了？
風速變強了。
ビュウ
※喀噠
啊！風子！
※轟
風子！
從日本跑出一個小型颱風。
迎面撞上了大型颱風。
這真是難得一見。
這兩個颱風緊緊纏繞在一起動彈不得。
風子正在跟強烈颱風對抗。
風子不可以輸！
加油！加油！

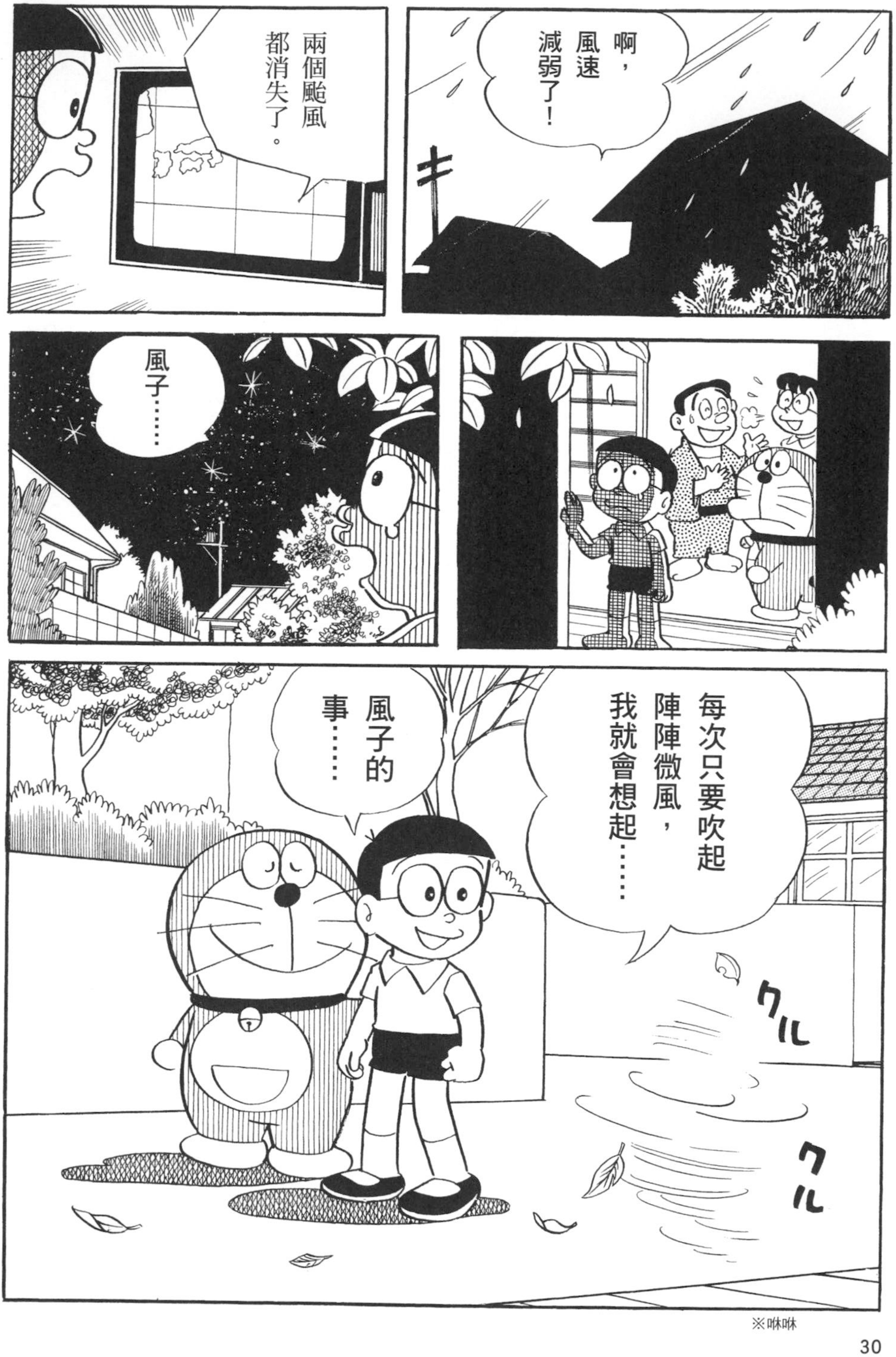

啊，風速減弱了！
兩個颱風都消失了。
風子……
每次只要吹起陣陣微風，我就會想起……
風子的事……
クル
クル

※咻咻

颱風的形成方式

夏秋兩季常有颱風來襲，你知道颱風是如何生成的嗎？接下來為各位介紹颱風的生成機制吧！

颱風剛形成

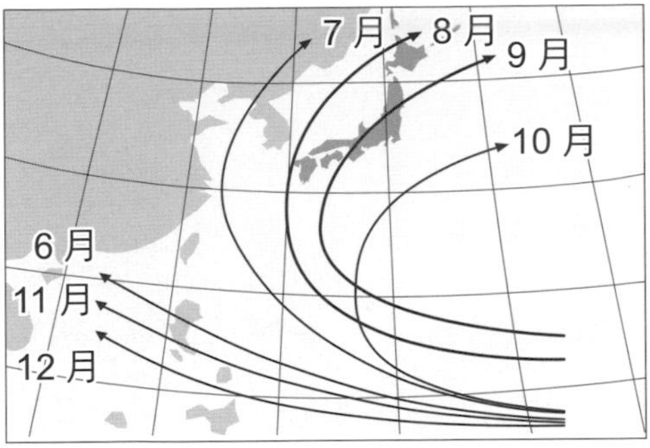

▲颱風的主要路徑。

過去十年西太平洋每年颱風的平均生成數量為二十五點二個！不過，包括颱風在內，夏季的雨量為我們帶來豐沛的水源，因此颱風對我們來說並非全然是負面影響。

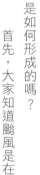

颱風會帶來強風豪雨，導致許多災害。各位知道颱風的巨大能量是如何形成的嗎？

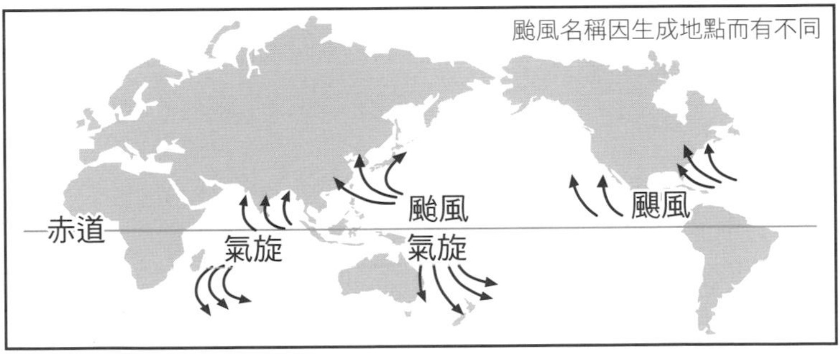

首先，大家知道颱風是在哪裡生成的嗎？答案是熱帶海洋，颱風最容易在靠近赤道的海上生成。

在熱帶地區，強烈陽光讓海水溫度超過攝氏二十七度，溫暖海面上會形成富含水蒸氣的上升氣流，這就是颱風的發生源。在水蒸氣變成水滴的熱交換過程中，會釋放熱使周遭空氣的溫度升高，使上升氣流變強，發展出積雨雲。在下方的空氣直接往上升，空出來的地方就會吸引周遭空氣進入，這就是熱帶性低氣壓，而當中風速超過秒速十七點二公尺的稱為「颱風」。

順帶一提，如果發生地點是在北大西洋和加勒比海的稱為「颶風」；發生在印度洋和孟加拉灣周邊的則稱為「氣旋」。

了解颱風最危險的地方！

事實上，颱風各個部位的風勢強弱都不一樣。颱風的風是逆時針往中心吹，因此以颱風前進的方向為基準，右側加上了將颱風往前推的風力，因此右側的風勢較為強勁。相對的，颱風左側的風相對的比右側弱。

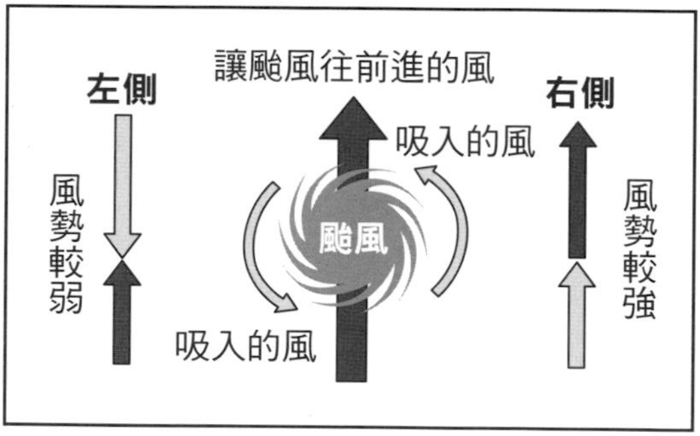

▲受到形成機制影響，颱風的右側吹強風。

對照下面的颱風剖面圖，中心部位幾乎沒有雲，這個部分稱為「颱風眼」。颱風眼之所以沒有雲，是因為颱風結構是風朝中心呈漩渦狀吹，離心力使得雲無法停留在中心點。

颱風眼的周遭有發達的積雨雲，形成高聳的牆，因此稱為「眼牆」。眼牆下方常掀起狂風暴雨，十分危險。

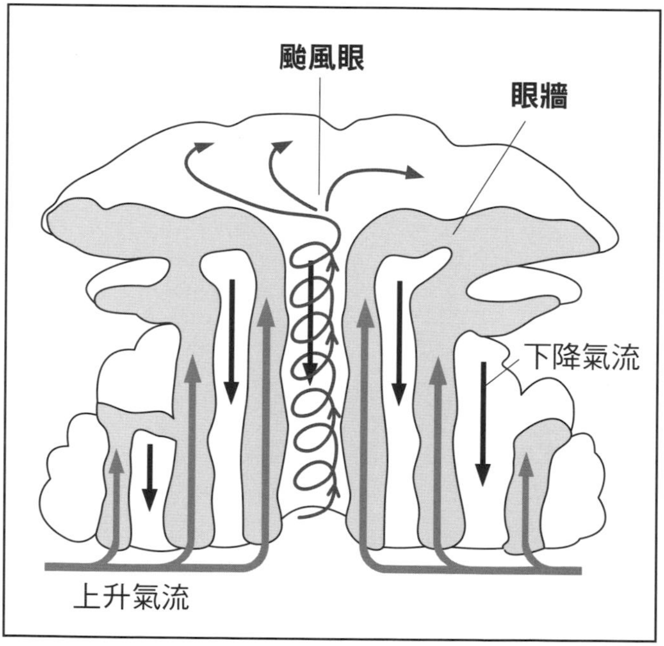

▲颱風剖面圖。

颱風的辨別方式
～從氣象預報解讀颱風強度～

颱風的強度是以風速區分，各位在看氣象預報時，不妨注意一下氣象主播的用詞喔！

首先，台灣的中央氣象局依照颱風近中心的最大風速將颱風分成「輕度」、「中度」與「強烈」三大類。其中最弱的是輕度颱風，風速為每秒十七點二至三十二點六公尺，若換算成時速，每小時最高風速約一一七公里。高速公路的汽車時速為九十公里，相較之下，相信各位都能明白颱風的風力有多強了吧！如果人在戶外時遭遇這麼強的強風侵襲，必須緊抓固定物體才能勉強站立。

〈台灣的颱風強度分類〉

等級	風力極速	最大風速	可能帶來的危害
熱帶性低氣壓	6-7級	17.1m/s以下	很難逆風行走。
輕度颱風	8-9級	17.2m/s~25m/s以下	樹枝折斷。
	10-11級	25m/s~32.6m/s以下	部分屋頂或窗戶破裂。
中度颱風	12-15級	32.7m/s~50.9m/s以下	樹木傾倒、大樹受損。
強烈颱風	16級	51m/s~53m/s以下	屋頂和窗戶嚴重損壞。
	17級	54m/s以上	大樓受災嚴重，引發洪水。

若是最強等級的強烈颱風，風速甚至可以超過每小時一八四公里。這個風速不但能吹倒路樹，還能吹垮房屋。

另外，自颱風中心向外，一直到平均風速每秒十五公尺（七級風）的地方，稱為「七級風暴風半徑」，在這半徑內的區域稱為「暴風範圍」。暴風範圍表示受颱風影響的面積，不一定表示颱風強度較強。但是一般而言，較強的颱風暴風範圍也較大。

什麼是颱風引起的「暴潮」？

颱風期間必須警戒的不只是強風暴雨，面臨太平洋海灣內部或海拔高度零公尺的地區、河口，很可能出現「暴潮」，一定要特別注意。

暴潮指的是海面比平時高的狀態，海水有時可能沖垮堤防，也可能淹沒街道。

暴潮是由很多原因形成的，最常見的是如下一頁圖示的「吮吸作用」。

颱風中心附近的氣壓較低，代表從上空往海面擠壓的空氣力道比周圍弱，中心部位海水像是往上吸一樣，使海平面比周圍高。另一方面，「風吹效果」也是暴潮的原因，千萬不可忘記。

風對於海流的影響很深。颱風帶來強勁風勢，海水被風吹，順勢移動。當海水被風帶往岸邊，原本在沿海處的海水就會往前推，使得海面水位（潮位）變高。

潮位原本就會受到月球引力影響，在一天之內產生變化。每天都會出現一次潮位最高的滿潮與潮位最低的乾潮。據此現象預先計算的潮位稱為天文潮位，當滿潮與大潮重疊在一起，有時也會遠遠超過天文潮位的預估。過去曾經因為颱風的關係，出現海面的實際潮位比天文潮位高出二七七公分的案例。

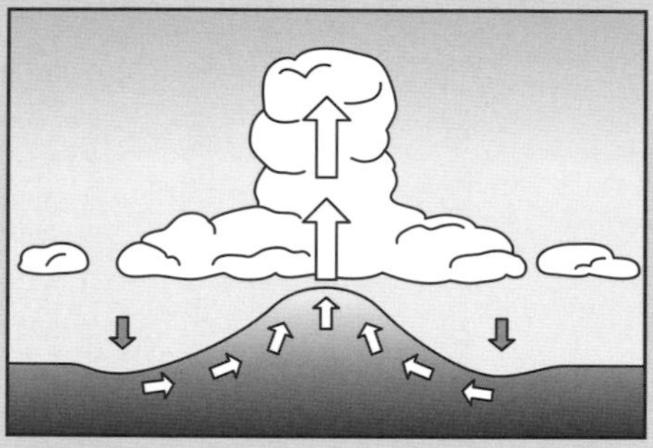
▲吮吸作用。

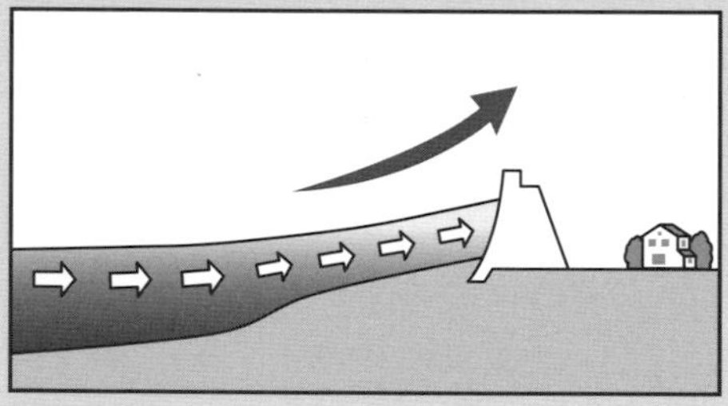
▲風吹效果。

什麼是超級颱風？

接著來思考一下未來的颱風型態，有人說，今後的颱風將會發展得越來越龐大。

各位聽過「超級颱風」嗎？顧名思義，超級颱風就是十分強烈的颱風，具體條件是最大風速每秒超過五十九公尺。在台灣的颱風分級屬於最上層的「強烈颱風」，而超級颱風是強烈颱風中最強的。到目前為止，台灣還沒有如此大的強烈颱風登陸過，但世界上有些國家已經遭遇過，而且專家認為，未來超級颱風將越來越容易生成。

超級颱風的生成與地球暖化有關。地球暖化導致海面溫度上升，上升氣流變得更強，在長時間發展之下，就會生成威力更強大的颱風。有些專家預測二十一世紀中葉，台灣附近也會出現超級颱風。

※日本氣象廳的標示方法係根據美軍聯合颱風警報中心的資料修訂而成。

漩渦氣流的暴徒「龍捲風」

龍捲風是從天空往地面發展，像生物一樣延伸連結的雲狀漩渦。日本和台灣都很少發生大型龍捲風，但即使是小型龍捲風也會造成很大的災害，請大家務必特別注意。

接下來將詳細介紹龍捲風。

強烈上升氣流的漩渦——龍捲風

被上升氣流捲入的空氣會在積雨雲下方形成漩渦，這些漩渦會再被上升氣流往上帶，使得漩渦的迴轉半徑變小，風速急遽飆升，這個原理就跟滑冰選手在原地旋轉時，將雙手緊靠身體以提升旋轉速度一樣。

依此原理發展出的漩渦狀暴風稱為龍捲風。與颱風不同，龍捲風最大的特性是短時間內在陸地發展生成。

在日本，電視新聞報導的龍捲風災害不如颱風多，所以一般日本民眾並不熟悉龍捲風。不過，根據日本氣象廳的資料，（二〇〇七至二〇一七年，海上龍捲風不算）日本境內每年平均發生二十三起龍捲風。（注：台灣每年平均發生四至五次。）

大家都知道，生成龍捲風的積雨雲稱為「超級胞」。積雨雲是由上升氣流生成的，與在短時間內發展出的下降氣流碰撞，使得上升氣流變弱，最多一個小時就會消失（下圖右）。

另一方面，如下圖左所示，超級胞中上升氣流的空氣入口與下降氣流的空氣出口不同，因此上升氣流不會變弱，積雨雲可以持續發展。

超級胞的內部有個直徑數公里的

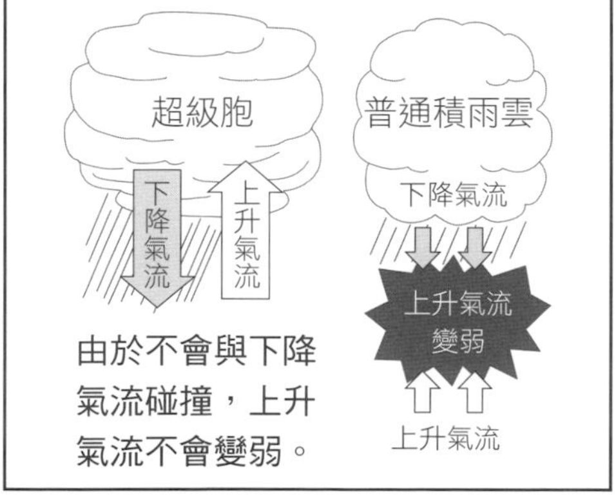
超級胞
下降氣流
上升氣流
由於不會與下降氣流碰撞，上升氣流不會變弱。
普通積雨雲
下降氣流
上升氣流變弱
上升氣流

▲普通積雨雲和超級胞的差異。

低氣壓「中尺度氣旋」，將空氣往上空帶。被中尺度氣旋往上空帶的空氣呈漩渦狀，旋轉半徑變小，風速就會急遽上升，形成龍捲風。

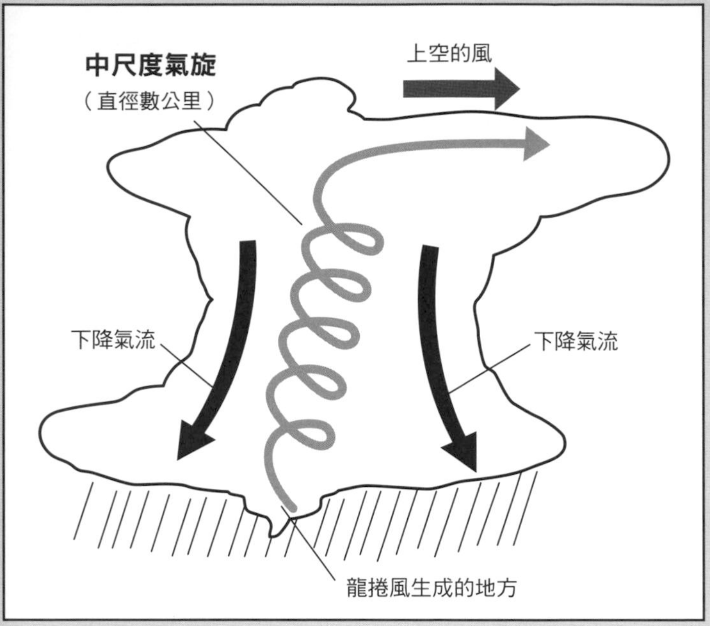
中尺度氣旋
（直徑數公里）
上空的風
下降氣流
下降氣流
龍捲風生成的地方

▲超級胞模式圖。

在美國境內形成的超級胞會發展出在日本和台灣都無法比擬的巨型龍捲風，造成嚴重災害。由於龍捲風的成因目前還有許多尚未釐清之處，加上台灣也會生成超級胞，各位一定要多加小心。

龍捲風的區分方法

短時間突然生成龍捲風等暴風時，可以觀測的地方相當有限，因此，專家想出從受災狀況推估風速的方法。由於想出這一套方法的是芝加哥大學的藤田哲也博士，因此取名為「藤田級數」。

日本則加以改良，從常見的建築物和周遭環境的受災狀況來推估風速。

〈藤田級數〉

等級	推估風速	主要災害
F0	秒速 17 ～ 32m（平均約 15 秒）	電視天線被折斷，小樹枝折斷。
F1	秒速 33 ～ 49m（平均約 10 秒）	屋瓦被風掀起，玻璃窗碎裂。
F2	秒速 50 ～ 69m（平均約 7 秒）	民宅屋頂被吹跑，大樹整棵吹倒。
F3	秒速 70 ～ 92m（平均約 5 秒）	汽車吹翻，牆壁倒塌，火車翻覆。
F4	秒速 93 ～ 116m（平均約 4 秒）	汽車在空中飛數十公尺遠。
F5	秒速 117 ～ 142m（平均約 3 秒）	數噸重的物體被吹起並從天而降。

製作無人島

※咚嗟、咚嗟

我要去抗議。
贊成！
ドドド
咦…？要我少抽煙？
因為這個月房租上漲，錢快不夠用了。
好吧，我知道了。
只要擁有自己的家，就不必付房租了。
你說得倒簡單。
現在的日本很難買得到土地的。
因為很貴啊，少說也要幾百萬或幾千萬……
有沒有製造土地的機器？
你又在胡說八道了。
土地做好要擺哪裡？
隨便找塊空地……
對喔，還是行不通。

天然災害防護罩Q&A

Q 只有地球有火山，這是真的嗎？

A 假的。火星和金星也有火山。

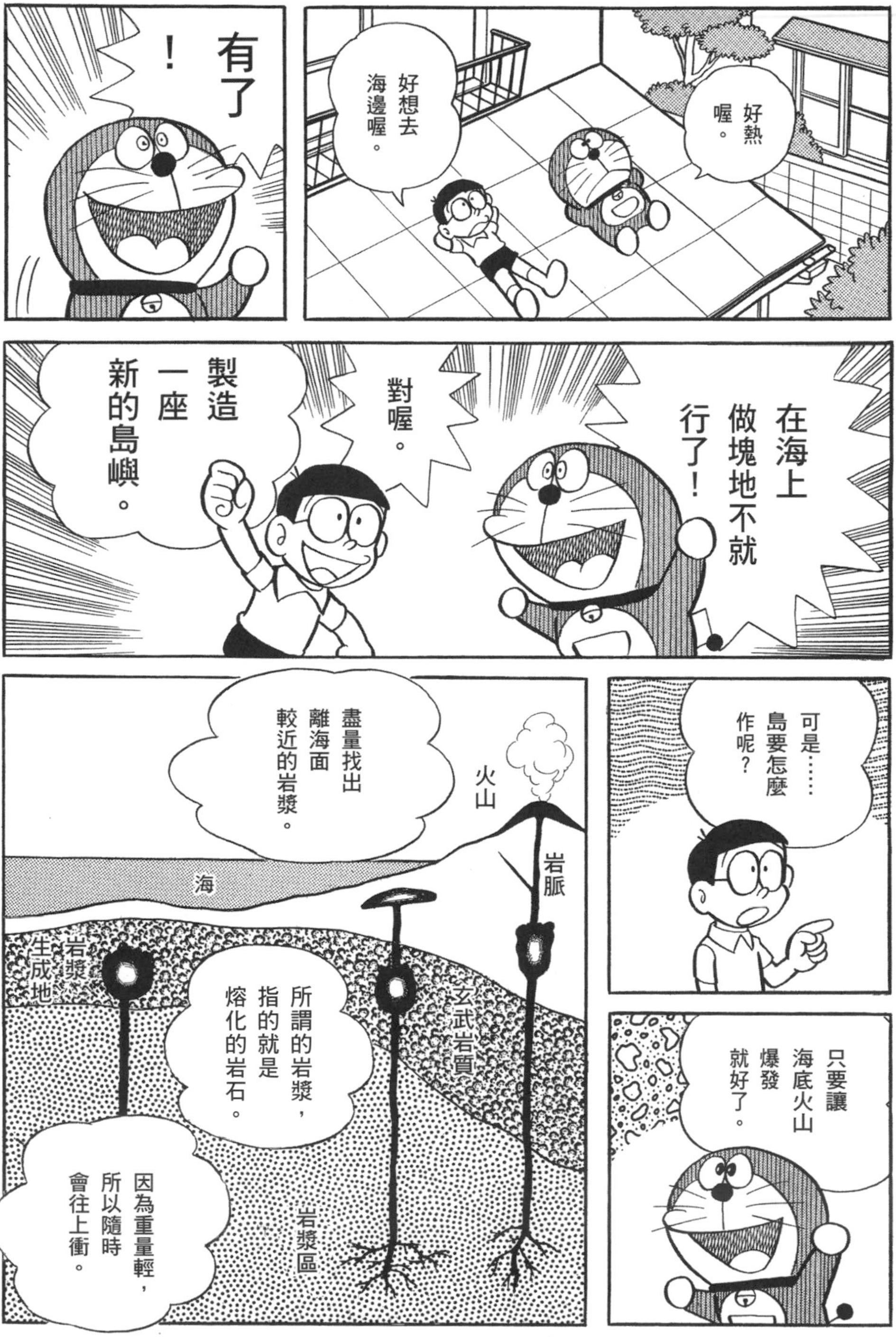
好熱喔。
好想去海邊喔。
有了！
在海上做塊地不就行了！
對喔。
製造一座新的島嶼。
可是……島要怎麼作呢？
只要讓海底火山爆發就好了。
盡量找出離海面較近的岩漿。
火山
岩脈
海
岩漿生成地
玄武岩質
岩漿區
所謂的岩漿，指的就是熔化的岩石。
因為重量輕，所以隨時會往上衝。

我們只要鑽破岩漿上方的地殼……
岩漿爆發後便形成火山島。
趕快來做吧。
沿著火山帶，尋找岩漿……
雖然聽不懂，不過好像滿有趣的。
東日本火山帶
日本附近的火山帶在這邊。
コリ
コリ
※切、切
キュ
※接上
一點一點這樣抽菸……
真是不痛快。
我馬上就可以讓你一口氣抽一包。
以後也都不必付房租了。

天然災害防護罩Q&A

Q 專家在聖母峰發現貝類化石，這是真的嗎？

暑假的時候，我要做虎式戰車。
我要做大和號戰艦。
跟我要做的東西比起來，
實在太幼稚了。
準備好了，可以出發囉！
大雄的潛水裝備
空氣栓
塞進鼻子裡能過濾海水中的氧氣，便可在水中呼吸。
深海乳霜
塗抹在身上，即使潛入深海中也不受水壓影響，並可抵禦冰冷的海水。
SUBMAR
淡水吸管
透過這個吸管海水就能成為可飲用的淡水。
哆啦A夢，可以做多大的島啊？
這依噴出的岩漿量而定。

A 真的。專家認為聖母峰在很久以前是海底，受到板塊擠壓才往上升，變成高山。

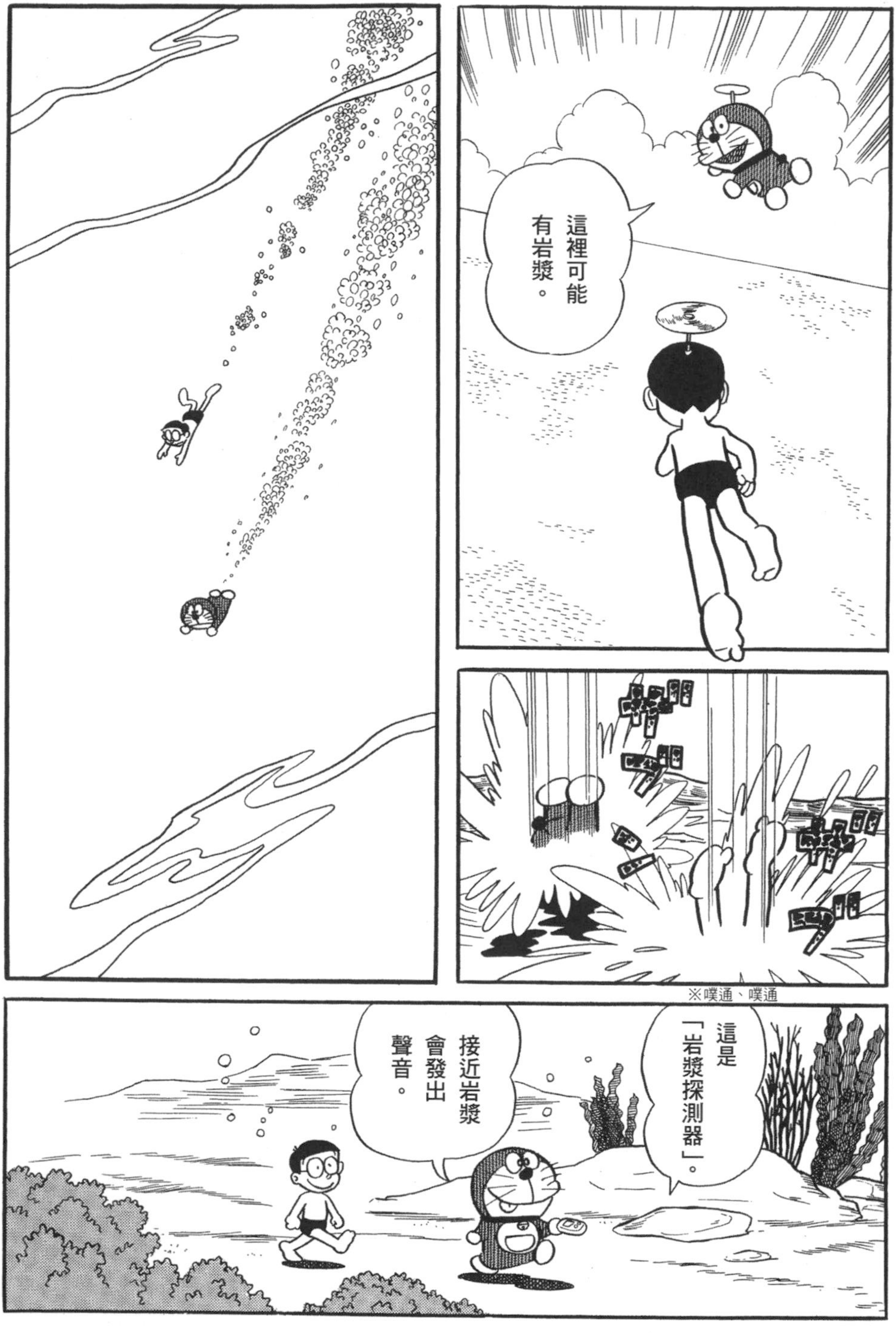
這裡可能有岩漿。
※噗通、噗通
這是「岩漿探測器」。
接近岩漿會發出聲音。

天然災害防護罩Q&A

Q 表示地震規模的級數如果大一個等級，地震釋放出來的能量會多幾倍？

A 約32倍。地震規模是用來表示地震大小的數值，不同地方使用的震度是完全不同的標準。

天然災害防護罩Q&A

Q 地震的震度有0，這是真的嗎？

A 真的。雖然人類感受不到，但地震計可以測量到的搖晃程度就是0。

再過幾天島就會成形了。
在東京跟那座島中間蓋地下鐵。
做個十分鐘就能抵達的列車。
好期待大雄樂園的誕生喔！
家裡改建時，我的房間要二十個榻榻米大。
還要建爸爸的書房跟媽媽的休息室。

天然災害防護罩Q&A

Q 櫻島是日本有名的活火山，二〇一一年曾經爆發超過九百次。這是真的嗎？

A 真的。那一年總共爆發了九九六次！

你們居然敢欺負我!?
我決定了！不讓你們到大雄樂園去……
？
他在說什麼？
不懂。
一定又是哆啦A夢給他什麼好玩的道具了。
雖然一頭霧水，還是讓我們去吧！
好嘛～大雄。
我們也可以去嗎？
什麼是大雄樂園啊？
不久你們就會知道了。
等待的日子好漫長喔。
在八丈島附近的海面發現新的島嶼。
好像好了耶。
快去看看！

這就是我們的島！
大雄樂園！
我家要蓋在那座山丘上。
平坦的地方當棒球場。
公園和遊樂園。
地方這麼大，建什麼都可以。
人聲鼎沸
喧嘩
聽到有人說話的聲音？
怎麼可能？
誰會來剛出現的島上？

天然災害防護罩Q&A

Q 富士山山頂有下列哪一項設施？①派出所 ②醫院 ③郵局

本公司要在這裡蓋休閒設施。
丸角建設
我們要蓋別墅的。
用地
我們是最早來的。
亂講，我們才是！
觀光
請各位立刻離開!!
在日本領海形成的島嶼，為日本政府所有，這座島是國家的土地。
什麼!?
地
大雄，你說的新土地還沒好嗎？
不要再吊我們胃口了，快帶我們去大雄樂園吧！
快拿出在空中製作土地的道具。
哪有這種東西!?

A ③郵局。只為夏天登山季的登山者開門營業。

火山為什麼會噴發？

日本有許多火山，是全世界屈指可數的火山大國之一。一起來了解火山是如何噴發的？我們的生活又與火山有什麼樣的關係呢？

地底的岩漿急速上升！

雖然説都是火山，但火山的型態各有不同，有些火山每天噴煙，頻繁活動；有些火山平靜安詳，可以讓人走到火山口附近觀賞。但無論是哪一種火山，地底深處都有溫度高達一千度左右的岩漿，這些岩漿是岩石熔化後形成的液體。

「噴發」指的是岩漿或氣體從火山噴出的現象，火山在噴發前會發生以下狀況。

首先，位於地底的岩漿緩緩上升，在離地面約五到十公里處形成岩漿塊。岩漿含有二氧化碳、水這類很容易變成氣體的成分，從岩漿揮發成氣體的這些成分統稱為火山氣體。當火山氣體膨脹，岩漿塊內部壓力就會升高，若再遇到來自外部壓力變高的情形，岩漿就會衝破火山筒（岩漿冒出地表的通道），隨著火山灰與火山礫（請詳次頁）噴出（噴發）。這跟將碳酸飲料充分搖過後再打開，汽水會噴出來的原理相同。

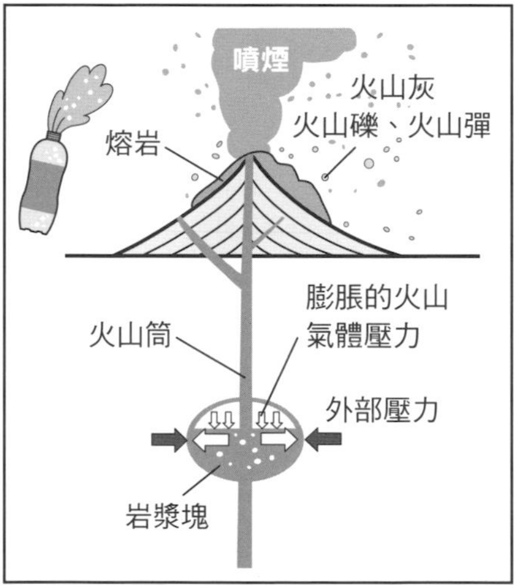

目前人類還沒有任何技術可以解析地底岩漿的實際狀態，因此無法精準預測哪一座火山會在何時噴發。由於這個緣故，日本利用地震儀等儀器，二十四小時全年無休的監控境內五十座火山的活動狀態。

從火山的形狀可以知道噴發的型態？

火山噴發型態的不同，噴發後形成的火山外型也會因此有所不同。

●**盾狀火山**：岩漿黏性較低，火山外型類似盾平放在地面的模樣，噴發樣態較為平穩。

●**錐狀火山**：岩漿黏性略強，噴發樣態較激烈。噴發時熔岩會伴隨火山灰噴出，火山灰和熔岩交錯堆疊，形成圓錐狀。

●**火山穹丘**：岩漿黏性比錐狀火山更強，熔岩不易流動，噴發樣態有時很激烈。火山形狀類似碗倒放的模樣，坡度很陡。

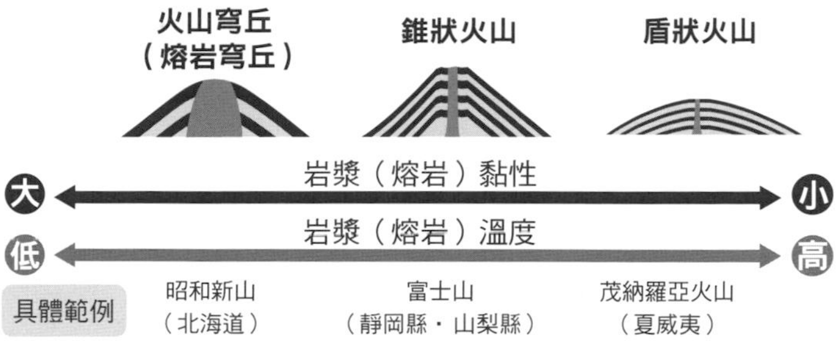
火山穹丘
（熔岩穹丘）
錐狀火山
盾狀火山
大
岩漿（熔岩）黏性
小
低
岩漿（熔岩）溫度
高
具體範例
昭和新山
（北海道）
富士山
（靜岡縣・山梨縣）
茂納羅亞火山
（夏威夷）

火山噴發時會發生什麼事？

火山爆發時會噴發許多物體，除了火山氣體、熔岩（冒出地表的岩漿）之外，還有由大小在兩毫米以下的礦物組成的火山灰、火山岩塊（大小超過六十四毫米的岩石），與大小介於兩者之間的火山礫等。火山岩塊中也包含像汽車一樣大的岩石，因此待在火山口附近是一件很危險的事情。

此外，火山穹丘是由黏性較強的岩漿形成，岩漿會產生左圖般的火山碎屑流。火山碎屑流是由火山灰等物體與高溫火山氣體混合而成，沿著火山坡度往下流的現象，流動速度超過每小時一百公里，溫度可達攝氏數百度。

噴發出的火山灰會四處擴散至陸海空，是影響最遠的火山噴發物。含著雨水的火山灰相當重，當大量火山灰從天而降，就會壓垮房屋。清除火山

火山穹丘
火山碎屑流
熔岩碎片＋火山灰＋火山氣體

灰的過程中，若不慎吸入揚起的火山灰，可能損傷肺部和眼睛。大量火山灰籠罩天空，也會導致日照不足。飛機引擎若吸入火山灰則會引發故障，為了避開火山灰，飛機有時會調整飛行航道，甚至停飛。

日本的活火山與其好處

在過去一萬年間曾經噴發，以及專家調查後認為如今仍頻繁活動的火山稱為活火山。全世界約有一千五百座活火山，日本境內有一百一十一座，約占整體的一成（引自二〇二〇年七月二十八日的資料），可說是名符其實的火山大國。台灣唯一的活火山群為「大屯山火山群」。火山雖然對日本造成不少災害，但也帶來不少好處。舉例來說，火山活動創造出絕美景色，這些景點成為熱門的觀光勝地。此外，日本各地有許多受惠於岩漿作用的高溫所形成的溫泉。不僅如此，現在已經開發出一種地熱發電的技術，可以利用岩漿的熱製造電力。

不可否認，火山爆發帶來的災害十分嚴重，但火山與人類之間的關係並非全是負面的。

火山爆發可以形成一座島？

火山不只存在於地表，也存在於海底。海底火山噴發有時會形成一座新的島嶼。

二〇一三年十一月二十日科學家證實位於日本南方小笠原群島的西之島附近，有一座頻繁活動的海底火山。海底火山的噴煙冒出海面，形成了一座新的島嶼。而且隨著火山活動持續，熔岩逐漸擴大新島面積，在當年十二月二十六日與原本的西之島連在一起。這是火山活動擴大島嶼面積的歷史性瞬間。

二〇一五年十一月以後，熔岩已停止流出，西之島的面積因為這次噴發大幅增加。

影像提供／日本海上保安廳

▲海底噴發形成的新島（右）與原本的西之島連接後的模樣（左）

地震是因為忍太久才會發生？

日本不只是火山大國，同時也是地震大國。事實上，地震並非平均發生在日本各地，為什麼地震會集中在特定地區呢？

地球表面是拼圖？

地球表面是由十多塊岩石構成的板塊組合而成。從人造衛星的觀測可以得知，每一個板塊都朝固定的方向移動。舉例來說，太平洋上的夏威夷屬於太平洋板塊，而太平洋板塊平均以每年八公分的速度朝著日本的方向前進。也就是說，未來有一天，夏威夷可能會成為日本的鄰居。

板塊主要分成構成海底的海洋板塊，以及構成大陸的大陸板塊兩種。地球表面就是由這些板塊像拼圖一樣組合而成，板塊與地震可說是息息相關。

板塊相互衝擊產生海洋板塊內地震

海溝是與地震緊密相關的地點。海溝指的是沉重的海洋板塊陷入大陸板塊下方形成的溝槽。

當海洋板塊往下沉，就會將大陸板塊往下帶，產生「應力」。在此情形下，海洋板塊依舊會持續往下沉，到了某一個時間點，大陸板塊再也承受不了，就會往回彈，想要回到原有位置。這個時候就會引發地震，稱為「海洋板塊內地震」。海洋板塊內地震的特性就是震度通常相當大。

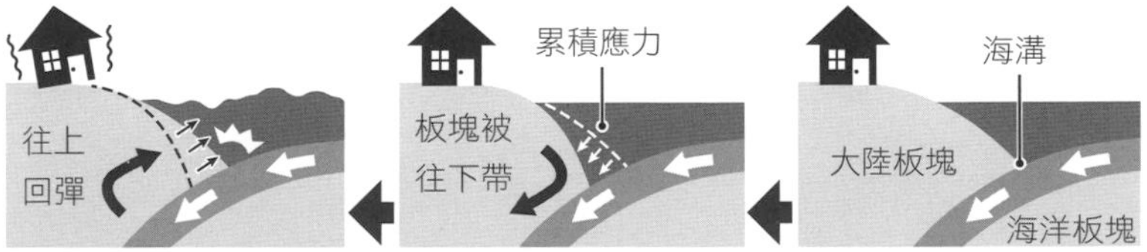
海溝
大陸板塊
海洋板塊
累積應力
板塊被往下帶
往上回彈

❶海洋板塊沉入大陸板塊下方。

❷大陸板塊被海洋板塊往下帶，持續累積應力。

❸大陸板塊承受不了應力想要往回彈時，就會發生海洋板塊內地震。

由一塊板塊引發的地震

海洋板塊內地震發生在板塊與板塊的交界處。事實上，板塊內部也會發生地震，稱為大陸板塊內地震。

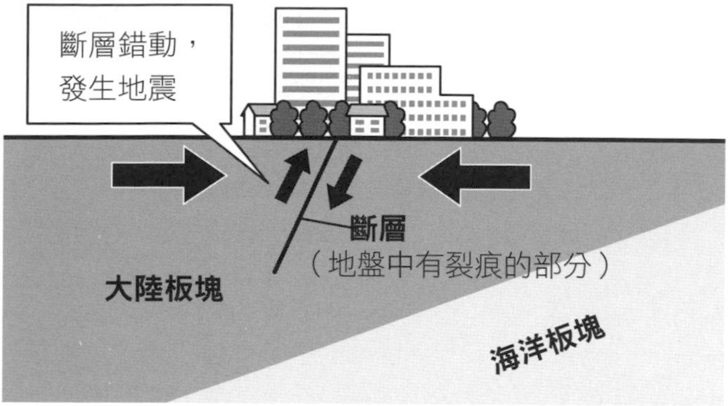
斷層錯動，
發生地震
斷層
（地盤中有裂痕的部分）
大陸板塊
海洋板塊

海洋板塊朝大陸板塊移動時，會對大陸板塊施力，當板塊內部較脆弱的部分無法承受這股力量，岩盤就會產生錯動，引發地震。

岩盤錯動的部分稱為斷層，板塊的內部有許多未來可能錯動的斷層。大陸板塊內地震的規模比海溝型地震小，但因為是發生在我們平時生活的陸地地區，所以也稱為「內陸地震」（日本稱為「直下型地震」）。內陸地震的特點是，即使規模很小，也可能造成嚴重災害。

發生地震時該怎麼做？

發生地震時，地表上的物體會受到很大影響。不只是建築物毀損，地震還會導致瓦斯管破裂，暖氣家電傾倒引發火災。大地震甚至會導致軌道、馬路產生嚴重歪斜與裂痕，消防隊很難迅速滅火，衍生成重大火災。此外，如果發生大範圍火災，甚至可能導致伴隨火焰的旋風，稱為「火災暴風」。

此外，山區如果同時發生大雨和地震，很有可能會引發大規模的土石流。而且在地震停歇之後，仍可能發生其他災害，各位千萬不可大意。另一方面，還有造成土壤液化（第五十五頁）和海嘯（第五十五頁）之虞。

值得注意的是，當混亂的災害狀況持續發生，很難掌握正確資訊，若假消息在此時散播開來，反而容易造成大眾做出錯誤判斷。在日本遭遇天災時可以參照第一二六頁的資訊。

什麼是土壤液化？

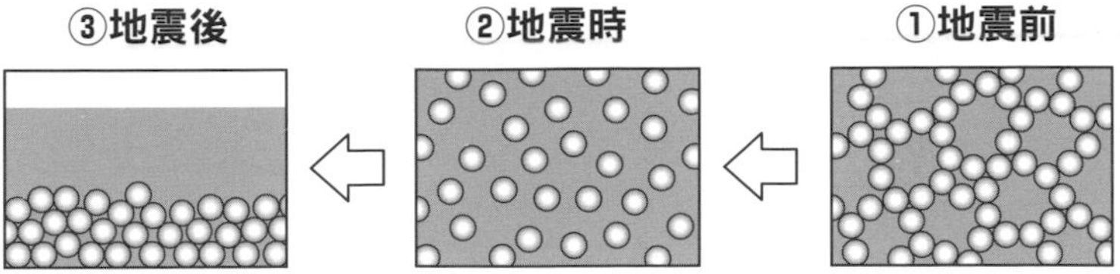

①砂礫之間含有水分。

②砂礫全部分離，看起來像是浮在水面一樣。

③砂礫全部沉積在下方，地盤因此下陷。

當地震發生時，在海埔新生地以及有河川、沼澤、水池等地下水位較高的地方，地面（固體）會因為地震所引起的振動產生液體般的變化，稱為「土壤液化」。

在原本水分含量較高的地方發生地震，砂礫會像上圖一樣在水中漂浮。比相同體積的水還輕的砂礫會浮起，較重的砂礫則會往下沉，在這樣的情況下，有時會導致建築物傾倒、人孔蓋飛出等災情。加上地盤強度變弱，更容易引發山崩等天災。

與地震相伴的天災——海嘯！

地震會讓海底上下振動，此時海水跟著上下搖晃，形成波浪，如年輪般往外擴散，這就是海嘯的成因。颱風等強烈低氣壓引起的暴潮（第三十三頁），與地震引發的海嘯，大多是以發生原因來區分。不過，原因不同，代表兩者性質也不一樣，請大家特別注意。

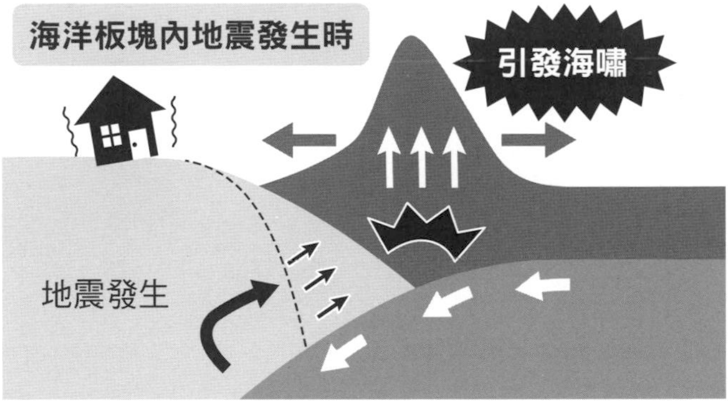

海嘯影響的是從海底到海面的所有海水，因此朝陸地逼近時夾帶著龐大的能量。

接近岸邊時，海嘯的速度與行進方向會因地形而改變。如果海嘯到達的是鄰近海洋、流

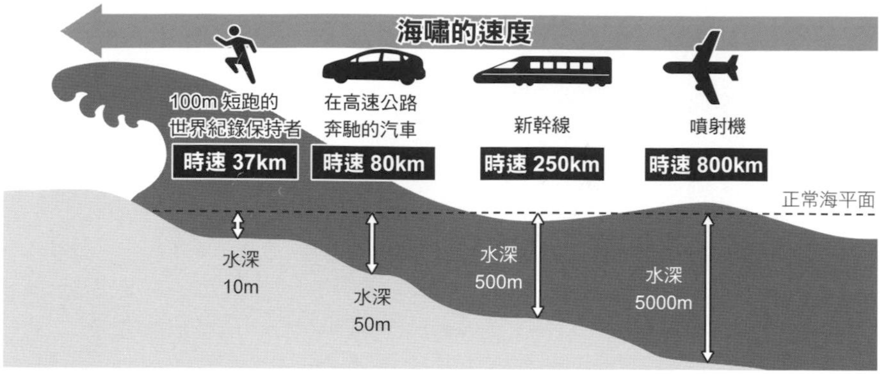
海嘯的速度
100m 短跑的
世界紀錄保持者
時速 37km
在高速公路
奔馳的汽車
時速 80km
新幹線
時速 250km
噴射機
時速 800km
正常海平面
水深
10m
水深
50m
水深
500m
水深
5000m

速平緩的河川，就必須逆流而上往內陸前進。這個狀況會導致河川水量暴增，溢過堤防，發生洪水。由於海水是鹽水，若淹沒農田會使作物枯死。

另一方面，海嘯的高度也會因應地形產生極大變化。因此，即使你是居住在海拔較高的地區，也千萬不能掉以輕心。

接下來以實際的例子為各位介紹海嘯前進的速度。參照上方圖示即可得知，水越深，海嘯的前進速度越快。

不過，千萬不要因為水越淺，海嘯速度越慢就掉以輕心。從世界紀錄來看，人類跑一百公尺最快的速度約為時速三十七公里。若以此為基準，所有人都逃不了。躲避海嘯危害的重點，就是越快逃跑越好。至於海嘯的避難重點，請參照第一五八頁說明。

海嘯可怕的地方不只是快而已

關於海嘯，還有一個各位千萬不能忘記的特點，那就是海嘯最初抵達岸邊的波浪高度，不一定是最高的。有時候，第二波、第三波的浪高最高。事實上，曾經有紀錄顯示，在觀測到第一波的數小時後，出現了一波超越所有浪高的波浪。

在國外發生的地震，也可能出現嚴重危害日本的海嘯。一九六〇年在南美智利發生的大地震，大約二十二小時後，在日本掀起了最高達六點一公尺的海嘯。從這一點可以得知，海嘯的能量真的不容小覷。

三月雪

爸媽好不容易才買這組滑雪道具給我……
結果他們都還沒帶我去滑雪過，春天就已經來了。
唉～真沒意思。
原來如此啊。
如果說……
我是說如果啦～

Q 在日本氣象廳的紀錄中，日本積雪最高的地方是北海道。這是真的嗎？

如果有人可以讓雪下在這一帶，你會不會很感謝他？
怎麼可能會下雪啊？現在是三月耶。
所以我說如果嘛。
如果下雪你會不會高興？
會嗎？那就下雪吧！
我記得哆啦A夢那裡，
好像有個叫做「天氣箱」的道具。
都已經三月了，何必還要特地下雪呢？
有什麼關係。
只要下在這一帶就好了嘛。讓我們可以在空地滑雪的量就行了。
難道你忍心對一個失望可憐的少女坐視不管嗎？真是過分！
別說得這麼誇張。
「天氣箱」。
將卡片插入這裡……
我知道怎麼用。

A 假的。根據日本氣象廳紀錄，積雪最高的是滋賀縣，積雪高達一一八二公分呢！

哎呀，都三月了怎麼還會下雪？
我很厲害吧，這不是修好了嗎？
真服了你，我太小看你了。
到明天早上，雪一定會積得很高。
雪都積成這樣了還在下。
我去跟靜香說可以滑雪了。

天然災害防護罩Q&A

Q 每到寒冷冬天，日本人就會說「冬將軍來了」，冬將軍是實際存在的人物。這是真的嗎？

A 假的。冬將軍最初指的是擊退拿破崙攻擊的西伯利亞寒流，屬於擬人化的說法。

天然災害防護罩Q&A

Q 除了盛夏日（真夏日）之外，日本也有盛冬日（真冬日）。這是真的嗎？

A 真的。日本將最高氣溫低於攝氏零度的日子稱為盛冬日。

天然災害防護罩Q&A

Q 引起異常氣候的反聖嬰現象原文「La Niña」是什麼意思？①小男孩 ②小女孩

A

②小女孩。在西班牙語中是「小女孩」的意思。

我不行了。
哆啦A夢，趕快拿自動除雪機出來。
怎麼還沒回來？
跑到哪裡去了啊？日本正面臨存亡關頭啊。
唉～我到底該怎麼辦才好？
撞上！

抱歉。
什麼!?雪停不下來?
誰叫你不聽我的話,自做主張幹了好事!
先別說教了,趕快修好吧!
?
咦…?
道具壞掉了啊。
就是因為它壞掉了,所以雪才停不了啊。
不是這樣的,它一開始就壞掉了啊。
這麼說,下大雪就不關這道具的事囉!
三月下雪也沒什麼好奇怪的呀?
我們出去玩吧。
目前冷鋒已過境離去,再過不久大雪應該就會停止了。

天然災害防護罩Q&A

Q 一年中的第一場雪稱為「初雪」,最後一場雪叫做什麼?① 末雪 ② 終雪

A

②終雪。在日本也稱為「名殘雪」（離別之雪）、「雪の果て」（雪之盡頭）。

為什麼會下大雪？

可能很多人看到下雪就很興奮，但千萬不要忘記，下雪也會引起災害。藉由這一節內容，一起學習關於下雪的知識。

日本的雪只下在一邊？

在日本，冬天的氣象預報經常會出現「西高東低」一詞，指的是日本的西側（歐亞大陸東部）為高氣壓、東側（西太平洋上空）為低氣壓的氣壓分布狀態。此時，風向會從高氣壓吹向低氣壓，也就是從大陸往太平洋方向吹。

西高東低的氣壓分布，導致風（季風）由西北往東南方向吹。

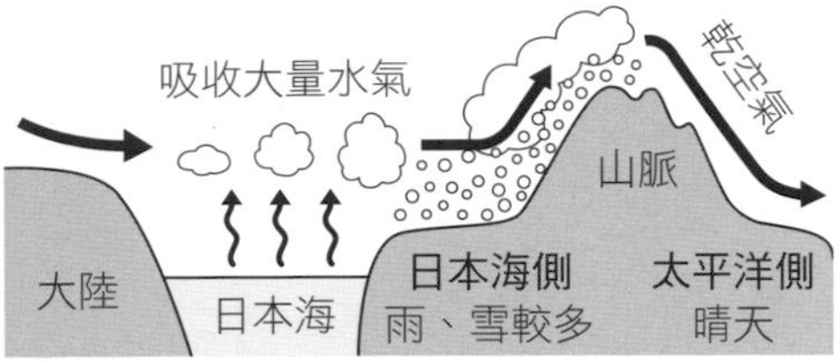

重點在於風吹的過程中會遇到什麼？

如上圖所示，大陸空氣較為乾燥，在通過日本海往日本西側前進的過程中，會吸收大量的水蒸氣，接著會撞到日本本島的山脈。風沿著山坡往上吹的途中形成積雨雲，開始降雪。降下大量的雪之後，越過山脈的風又變成了乾空氣。因此，相較於容易降下致災性大雪的日本海側，太平洋側的空氣較為乾燥，大多維持晴朗天氣。

冬季天氣的關鍵在於北邊！

影響降雪量多寡的原因有很多，「北極振盪」是其中的一個因素。

日本上空是西風帶，風向由西往東吹。當北極附近的氣壓因某些原因變高，西風帶就會變弱，呈現大幅度搖擺的蛇行狀態。

此時，位於北方的冷空氣會進入日本附近，使得氣溫比往年低，更容易降雪。由此可見，即使相距甚遠，還是會嚴重影響日本的降雪量。

地球暖化如何影響降雪量？

隨著地球暖化日趨嚴重，各位可能會覺得，全球降雪量應該會減少吧？根據近年來的研究，隨著平均氣溫升高，地上降雪次數減少。不過，由於海水溫度跟著升高，空氣中含有更多水氣，因此，在即使氣溫上升幾度也不會超過攝氏零度的地區，會在短時間內降下大雪，也就是出現「暴風雪」的次數逐年增加。

地球暖化

地球暖化是目前全世界都在商議對策的環境問題之一，造成地球暖化的主要原因，是二氧化碳與水蒸氣等「溫室氣體」。

地球從太陽光吸取龐大能量的同時，地球也會釋放吸取的能量。這些放射出去的能量不會回到外太空，而是被溫室氣體所吸收。由於這個緣故，地球溫度不會急速下降。如果沒有溫室氣體，地表的平均氣溫將會下降至攝氏零下十五度。從這一點來看，溫室氣體是人類生存不可或缺的存在。

不過，當溫室氣體超過一定限度，保溫效果就會過強，導致地表平均氣溫上升，產生各種影響。有鑑於此，盡可能減少溫室氣體的排放，便成為重要關鍵。

冷知識

打嗝也要課稅？

為了能夠減少溫室氣體的排放，世界各國實施了各式各樣的措施。

其中，畜產大國紐西蘭想到的措施，是向畜牧業者課徵牛與羊的「打嗝稅」。牛與羊等動物透過打嗝或放屁所釋放出的甲烷，屬於溫室氣體的一種。政府會將課徵的這些稅金運用在減少溫室氣體的研究上。雖然這項提案受到畜牧業者反對，最後胎死腹中，但不得不說，這想法真的很特別。

瞬間大放電！雷電是如何形成的？

有時我們會在烏雲中看到打雷閃電的現象，雷如果是打在我們附近，會聽到極大的聲響。為什麼空氣裡會突然有電流流竄呢？

雲裡有電？

雷電主要發生在積雨雲，積雨雲裡有非常微小的冰晶和顆粒較大的霰，當兩者在雲裡互相碰撞，微小的冰晶會帶正電，霰會帶負電。比較重的霰會聚集在雲的下方，也就是積雨雲底部會帶著負電，而位於其正下方的地面會因此而有正電聚集。當累積的電夠多，就會造成落雷的現象。

雷電的電壓大約為兩億伏特。空氣原本不通電，但閃電的電壓過高，導致空氣中有電流通過。

事實上，有時候雖然沒有積雨雲，還是會有雷電。其中的一個例子就是「火山雷電」。

火山雷電指的是火山爆發時所形成的雷電現象（見刊頭彩頁圖）。

火山爆發時會產生上升氣流，火山灰等粒子互相碰撞產生電荷，分成正電與負電，累積的電壓過載時，會引發雷電現象。

基於同樣的原理，因為大規模的火災產生上升氣流時，也可能會造成雷電現象。

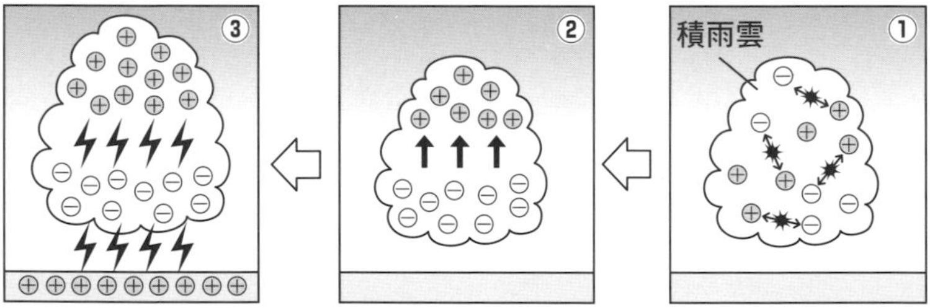

① 微小的冰晶和霰在積雨雲內互相碰撞，冰晶會帶正電，霰會帶負電。

② 由於冰晶較輕，聚集在雲的上方，使得雲的上方帶正電；霰聚集在雲的下方，因此雲的下方帶負電。

③ 受到雲下方的負電吸引，地面開始聚集正電。雲和地面之間以及雲裡都發生了雷電現象。

冬天的雷電比夏天危險？

你知道什麼季節的雷電最多嗎？

可能很多人會回答夏天，但根據日本氣象廳的統計資料，臨日本海的那一側全年都有雷電發生，有些地區甚至冬天發生的機率比夏天還多。

日本將冬天的雷電現象稱為冬雷，除了日本之外，只發生在大西洋沿岸的部分地區。換句話說，冬雷在全世界是相當罕見的現象。冬雷的特徵也與夏雷（夏天的雷電現象）不同。

夏季的積雨雲會受到地面溫度升高，產生上升氣流，形成直長形的雲。另一方面，冬季形成的積雨雲是西伯利亞上空的乾空氣渡過日本海時，含有大量水蒸氣形成的，高度比夏季的積雨雲低，形狀為橫寬形。由於這樣的積雨雲高度不高，正電和負電明顯區分為上下兩層，加上距離地面較近，閃電除了從雲打向地面之外，還有從鐵塔等具有一定高度的建築物往上打向雲的閃電，這樣的雷電比夏雷多。

冬雷的特性是雷電的威力較強，而且與夏雷不同，

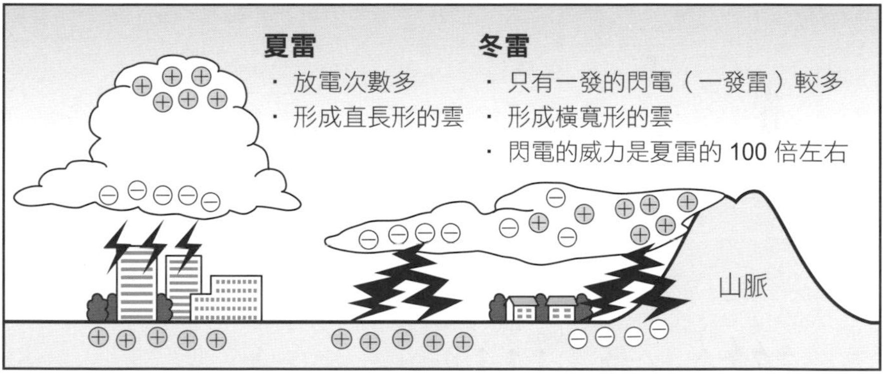

夏雷
・放電次數多
・形成直長形的雲
冬雷
・只有一發的閃電（一發雷）較多
・形成橫寬形的雲
・閃電的威力是夏雷的 100 倍左右
山脈

冬雷的放電次數較少。所以在日本，冬雷又稱為「一發雷」，每次放電的能量是夏雷的一百倍左右。

不僅如此，冬雷也很難事先預防或是做任何對策因應。夏雷會從遠方持續傳來轟隆轟隆的聲音，民眾聽到雷聲就可以事先做準備。但是，冬雷放電的次數相當少。換句話說，冬雷接近時沒有聲音，都是非常突然。

因此，冬季時各位千萬不能掉以輕心，還是要多加注意雷電造成的災害。

炎熱氣候也能致災！酷暑、熱浪、乾旱

是不是有許多人都非常討厭炎熱的氣候，每年一到夏天，心情就很憂鬱。事實上，雖然同樣是夏天，也有涼夏與酷暑之分。各位知道有哪些因素會造成炎熱的氣候嗎？

讓夏季更熱！何謂反聖嬰現象？

地球整體的氣候並非每年都會以同樣的氣溫演變，大氣和海洋在維持平衡的過程中，會出現某個區間的平均氣溫變化。其中，每幾年還會出現特別的變化。各位可以注意一下太平洋東部赤道附近的區域。若是正常年分，這個地區會出現由東往西吹的信風，表面的溫暖海水往西吹。於此同時，南美大陸智利外海的冰冷海水，也會從海底往上升，形成循環。

遇到信風增強的時候，溫暖海水逼近西邊的印尼近海，稱為「反聖嬰現象」，讓東北亞（日本、台灣等）出現酷暑與嚴冬等氣候變化。

相反的，有時信風也會變弱，稱為「聖嬰現象」，此時太平洋東部海域的水溫比往年高。出現聖嬰現象時，我們會有冷夏暖冬的氣候變化。由此可見，即使是在遠處發生的信風變化，也會為我們的氣候帶來極大影響。

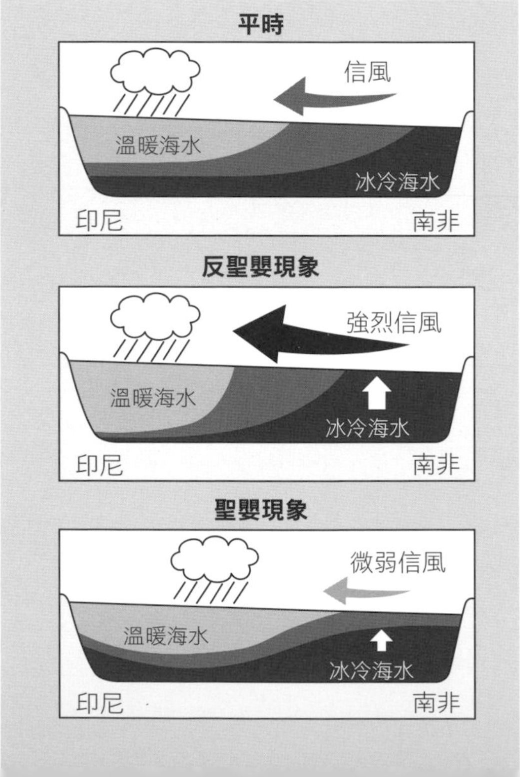
平時
信風
溫暖海水
冰冷海水
印尼
南非
反聖嬰現象
強烈信風
溫暖海水
冰冷海水
印尼
南非
聖嬰現象
微弱信風
溫暖海水
冰冷海水
印尼
南非

聖嬰現象引起的災害

剛剛已經說過，聖嬰現象會導致冷夏現象的出現。各位可能會認為聖嬰現象導致冷夏，是好的氣候現象，不過，聖嬰現象起因於異常氣候，會造成嚴重災害，千萬不可小看這一點。

二〇一五到二〇一六年，印度和巴基斯坦遭受強烈熱浪侵襲。「熱浪」指的是連日受到高溫侵襲的氣候現象，印度在二〇一六年創下攝氏五十一度的高溫紀錄。由於太過炎熱，竟然造成道路上的柏油融化。此外，歐洲各地也面臨高溫酷暑，引發了大規模火災。

不只是熱浪，聖嬰現象還可能造成長時間不下雨導致缺水，引發乾旱。乾旱如果持續，會缺乏灌溉用水，農作物便無法生長。

專家認為，聖嬰現象是造成這類災害的原因之一。農產品的主要輸出國若是遭遇乾旱，收成大幅減少，受害的不只是這些農產品的輸出國，全世界的糧食供給都會受到影響。

異常氣候與糧食短缺

上一節已經解釋過，聖嬰現象是造成熱浪與乾旱的主要原因，但專家認為，地球暖化其實也是原因之一。

當上述異常氣候越演越烈，農夫就很難像往常一樣種植與採收農作物。雖然可以進行品種改良，但如果不從根本上實施阻止地球暖化的對策，人類還是可能必須面臨糧食短缺的問題。

冷知識　食用昆蟲可以解決糧食短缺？

由於地球暖化極有可能造成嚴重的糧食短缺問題，現在有許多人注意到食用昆蟲的可能性。

昆蟲富含蛋白質與礦物質，營養價值相當高，加上飼養方式比養牛養豬還簡單，可以在短時間內迅速繁殖，更是其優點所在。

或許食用昆蟲真的能解決未來糧食短缺的問題，且讓我們拭目以待！

我最喜歡吃年糕了。
我也是。
我只吃了四個。
我也是四個。

榻榻米稻田

※咚噠、啪嗒

Q 海洋與河川呈紅色的自然現象稱為「紅潮」，另外還有青潮。這是真的嗎？

再多一個，我們就不會吵架了。
已經沒有了。誰叫你們吃得那麼快。
為了那種事吵架，實在太難看了。
多幾個年糕就好了。
那樣就不用吵架了。
拿「年糕製造機」出來吧！
※噗嚕、嘎咕、嘎咕
ブウン
ガク
ガク
沒有出來年糕啊。
忘記放材料了。
家裡是有糯米……
但不准你們拿米玩喔！
不是拿來玩的啊。

A 真的。當異常增生的浮游生物大量死亡，屍體沉在不含空氣的海水裡，被風吹至海面，就會使海面呈現藍色。

好吧！既然這樣，就從糯米開始製造吧！
那樣太慢了……再怎麼說也……
我有「快樂的假日農業組」。
※照亮、咻砰
「膠囊裝秧苗」。
「發射式小太陽」。
ピカ
シュポ
「軟管裝雲朵」。
「稻草人」。
還有「稻田地毯」。
肥料都幫我們調配好了。
ビラ
※展開

天然災害防護罩Q&A

Q 世界上沒有治感冒的藥物，這是真的嗎？

不要只在旁邊看，幫忙插秧啊！
ソロリ
※伸腳
哇！好深!?
ズボ
※噗通
好～兩個小時後，時序到秋天就能收成了。
弄得腰酸背痛的。
是不是太熱了啊？
真奇怪，夏天還沒到啊！
得要有梅雨才行啊！雨量太少了。
是季節控制器壞了，便宜果然沒好貨！
啊！

A 真的。感冒並非由細菌引起，而是由病毒引發，因此具有殺菌效果的抗生素無法治療感冒。感冒只能靠自身的免疫系統治癒。

※咚咚咚
田地乾了，到處都是裂痕。
不澆水的話，會枯掉啊！
竟然在家裡玩泥巴。
等會要好好罵他們才行。
※咚咚咚
什麼嘛！原來水桶在這裡。
借我們用！
我們很急的！
※嘩啦
這次有點下過頭了……
※嘩啦啦
稻子會爛掉。
※陽光燦爛

颱風只有這樣，太好了。
開始結稻穗了。
ピョン
※跳
連蝗蟲卵都放進去了啊？
為了讓人體驗農夫的辛勞，所以才做成這樣。
ピョン
ピョン
ピョン
※跳、跳、跳
辛苦總算有代價了。
大豐收耶！
收割真是愉快。
放進這台機器裡。

天然災害防護罩Q&A

Q 以下哪個溼度區間可有效預防流行性感冒？①10至20% ②50至60%

A ② 50至60%。流行性感冒的病毒喜歡乾空氣，因此多在空氣乾燥的冬季流行。

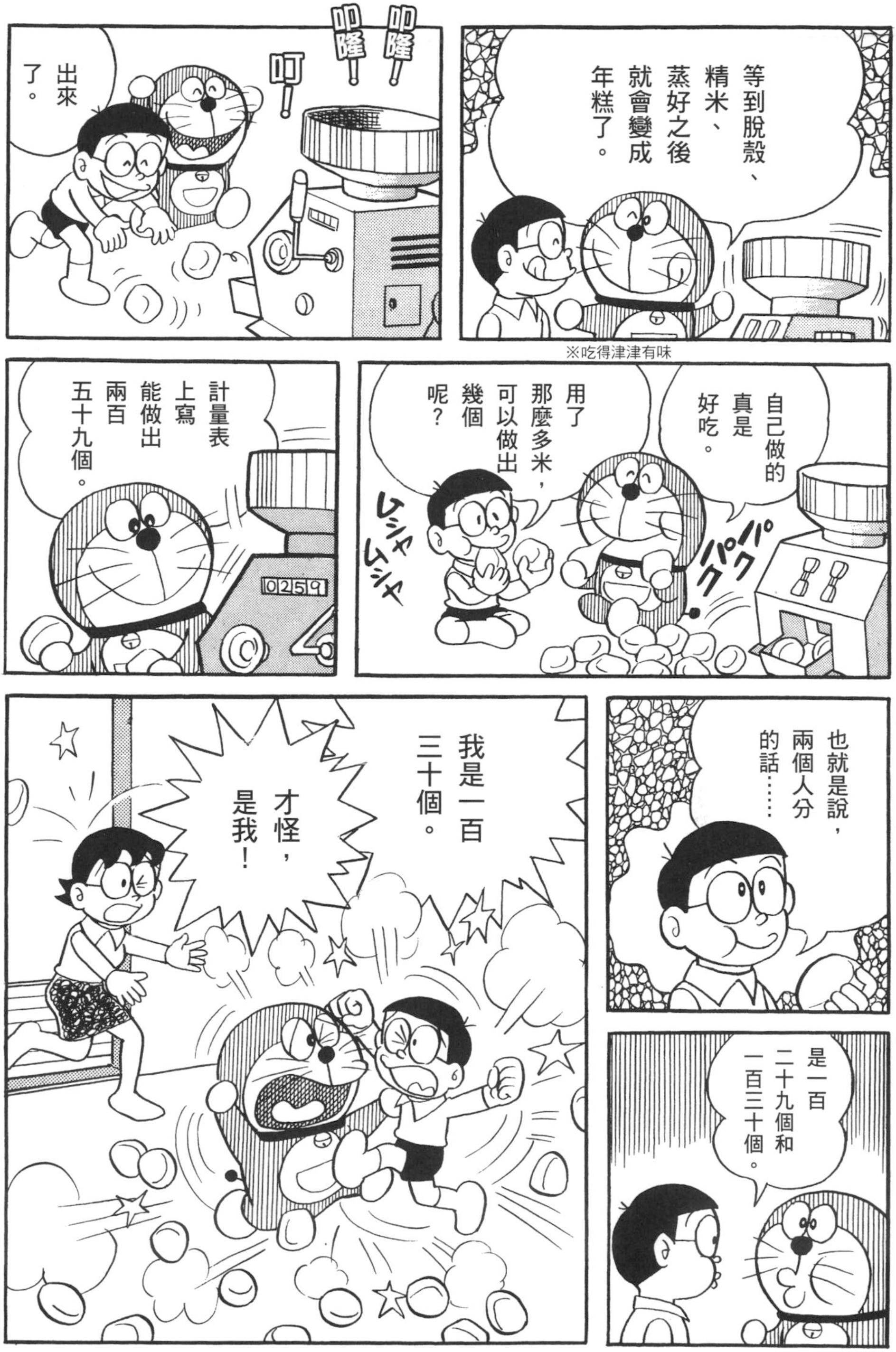
等到脫殼、精米、蒸好之後就會變成年糕了。
叩隆！叩隆！
叮！
出來了。
※吃得津津有味
自己做的真是好吃。
用了那麼多米，可以做出幾個呢？
パクパク
ムシャムシャ
計量表上寫能做出兩百五十九個。
0259
也就是說，兩個人分的話……
是一百二十九個和一百三十個。
我是一百三十個。
才怪，是我！

小心傳染病！

每年一到冬天，大家就都會說「感冒又開始流行了」，感冒是因為感冒病毒入侵體內引起的一種傳染病。各位知道傳染病是怎麼一回事嗎？人為什麼會染上傳染病呢？

傳染病是什麼樣的疾病？

空氣中、土壤中、水中……我們身邊存在著各種眼睛看不見的微小細菌與病毒，當中有一部分的細菌、病毒若是入侵人體，就會引發疾病。

細菌與病毒等致病因子稱為「病原體」，病原體入侵人體引發的疾病就是「傳染病」。

不過，病原體並不是每次入侵人體都一定會導致感染。若病原體引發疾病的能力較差，或宿主身體健康，擊退病原體的能力（免疫，第一七〇頁）較強，就不會發病。

傳染機制

病原體會透過人體、動物或食物等宿主，擴大感染。人與人之間的傳染稱為水平感染。

基於感染擴大機制的不同，水平感染大致可分成四種類型。

❶接觸傳染：指的是病原體直接接觸並附著在皮膚、黏膜（眼睛和鼻子裡）或傷口上，進而傳染的型態。此外，有些疾病是因為接觸了存在於土壤和水的病原體而蔓延開來。

為了預防接觸傳染，千萬不要去碰觸有可能存在病原體的地方（例如門把和扶手等多人碰觸之處）。如果不小心摸到，就要

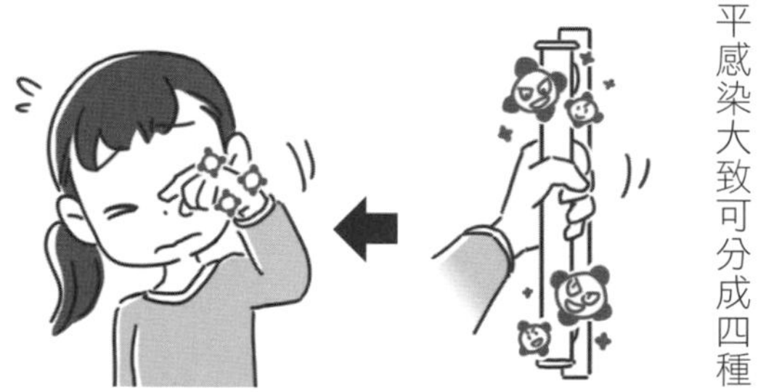

記得洗手，千萬不要用附著病原體的手碰觸眼口鼻。

【接觸傳染的傳染病實例】

・膿痂疹：皮膚受到金黃色葡萄球菌等細菌感染的疾病。發病時皮膚會長疹子或水泡，感染處會發癢，若用手去抓則會擴散至其他部位，若不小心染上，千萬不可抓癢。

・破傷風：存在於土壤的破傷風桿菌入侵傷口引發感染的疾病。細菌會釋放出毒素，破壞神經系統。近來有許多地方豪雨成災，土石流沖進民宅，豪雨過後，民眾必須清理家中，這些泥土含有許多破傷風桿菌。因此在清理土石流災害時，務必穿著雨鞋、戴手套並穿長袖上衣，保護自己。

❷**飛沫傳染**：感染者咳嗽或打噴嚏時，帶有病原體的口水和鼻涕（飛沫）就會四處飛散。這些飛沫若入侵其他人的體內，就會造成新一波的感染。

為了預防飛沫傳染，除了避開人潮之外，保持室內通風也很重要。若不小心因飛沫罹患傳染病，請務必戴口罩或用手帕遮住口鼻，避免打噴嚏或咳嗽時散播病毒，擴大感染。

【飛沫傳染的傳染病實例】

・感冒：病毒或細菌附著在鼻子或喉嚨引發感染的疾病，發病時會出現流鼻水、喉嚨痛、打噴嚏、發燒等症狀。

・流行性感冒：流行性感冒病毒入侵鼻子或喉嚨引發感染的疾病。發病時的特性是會出現發高燒、關節疼痛等等症狀。

❸**空氣傳染**：吸入飄浮在空氣中帶有病原體的微小粒子所引發的疾病。經由空氣傳染的流行病爆發時，千萬不能前往人潮擁擠的場所。

【空氣傳染的傳染病實例】

・麻疹：由麻疹病毒引起的疾病。病毒會在淋巴結增生，

出現疹子與發燒等症狀。

・水痘：水痘帶狀皰疹病毒引起的疾病。發病時全身會長水泡，還會發燒。

❹**媒介物傳染**：病原體附著於食物、昆蟲、水等，而感染人類（進入人類體內）。

為防止病原體經由媒介物傳染，生鮮食品購買回家後最好趕快放進冰箱。如果要去有蟲媒傳染病流行的地區，記得使用驅蟲噴霧喔。

【媒介物傳染的傳染病實例】

・食物中毒：食物附著細菌或病毒（病原體），或沾附到病原體釋放的毒素，人類在吃下這類食物後就會出現腹痛、腹瀉、嘔吐等症狀。這個病症稱為食物中毒。

・瘧疾：由微小的瘧原蟲引發的疾病。感染到瘧疾的人，血液中含有瘧原蟲，若蚊子叮咬感染者再去叮別人，就會擴大感染。這是非洲與亞洲熱帶地區的常見疾病，出國旅行時一定要特別小心。

母親傳染給寶寶的疾病

有些傳染病是婦女懷孕或生產時，直接由母體將病原體傳染給寶寶的，這個過程稱為垂直感染。

懷孕婦女和胎兒之間由臍帶相連，病原體就是由臍帶進入胎兒體內。此外，生產時母親出血，病原體也會跟著血液一起進入嬰兒體內。

不過，近年來隨著醫學發達，即使母親染病，也可以藉由一些方法避免將疾病傳染給嬰兒。

【垂直感染的傳染病實例】

・德國麻疹：由德國麻疹病毒引起的疾病。成年人染上德國麻疹時，會出現類似感冒的症狀。懷孕婦女傳染給腹中胎兒時，會損及寶寶的心臟功能，對於視力和聽力也會產生不良影響。

・B型肝炎：懷孕婦女在生產的過程中將B型肝炎病毒傳染給寶寶，一旦感染就會傷害肝臟功能，使肝臟無法順利發揮功能。

什麼是流行病與全球大流行？

世界上存在著各式各樣未知的病原體，每當沒有確切治療方法的傳染病或傳染力強的新型感染病原體出現時，就會出現大流行。此外，近年來因工作需要以及旅遊盛行的關係，長距離移動的人相當多，使得傳染病流行的區域越來越廣闊。

在某一個地區或社區爆發特定傳染病，嚴重影響到當地人民的健康與生活的疾病稱為流行病。舉例來說，二〇〇二年底中國爆發了SARS（嚴重急性呼吸道症候群），引發了流行病疫情。這是由嚴重急性呼吸道症候群冠狀病毒（SARS-CoV）引發的疾病，患者會出現發燒、咳嗽等症狀。聽到這些症狀，各位可能會覺得病症與流行性感冒很像，若病況進一步發展，則會引發肺炎或腹瀉，變得很嚴重。SARS的流行以亞洲國家為主，疫情擴及三十二個國家與地區，WHO（世界衛生組織，第一六九頁）在二〇〇三年夏季，宣布疫情已經撲滅。

SARS的疫情歸類為流行病（epidemic），比流行病影響更廣泛、在全世界都爆發的疫情則稱為全球大流行（pandemic），最近的例子就是COVID-19（新冠肺炎）疫情。二〇一九年起源於中國武漢的新型冠狀病毒（SARS-CoV-2），瞬間擴散至全世界，遭致感染的人數眾多。WHO在二〇二〇年將COVID-19的疫情歸類於全球大流行，呼籲世界各國嚴加防範。

冷知識

細菌與病毒

前面說明過細菌和病毒都會成為病原體，各位知道這兩者有什麼分別嗎？

細菌很小，肉眼無法辨識，是貨真價實的生物。細菌會攝取營養並且分裂增生。

另一方面，病毒不算是生物，即使靠自己的力量吸收養分也無法分裂增生。病毒是依賴附著在其他生物的細胞上，靠細胞的力量增生。

此外，雖然不同種類的大小各異，但一般來說，病毒比細菌小。

不可不知！其他的天然災害

除了上述介紹的天災之外，世界上還有更多大自然的威脅。在此為各位介紹其中一部分。

島嶼沉沒？海平面上升

海平面上升是地球暖化引發的各種現象之一，這個現象很可能會淹沒海拔較低的島嶼。

金屬在加熱後，體積會變大；同理可證，物體的體積會因溫度而改變，海水也不例外。溫度上升，海水就會膨脹，因此隨著地球暖化日趨嚴重，海水體積就會變大，海平面自然上升。

不只如此，南極與格陵蘭等極圈地區的冰床融化，也是導致海平面上升的原因之一。海拔較低的島嶼有可能會被上升的海平面淹沒。就算沒有淹沒，一旦海水侵入陸地，就會造成土壤鹽化（土壤中的鹽分會傷害農作物）。此外，地下水的鹽分濃度上升，也會讓生活用水減少，這是十分嚴重的問題。

海洋突然大變身！紅潮

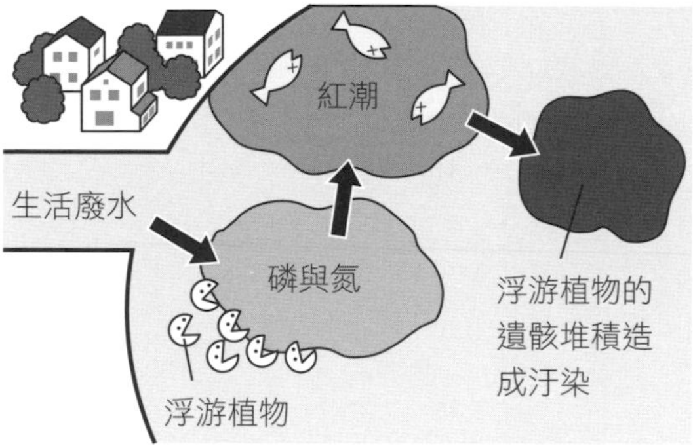

浮游生物大量增生，導致海水變成紅色的現象稱為紅潮。

海水含有大量的氮與磷，這些都是浮游植物的營養來源，春季到秋季的日照時間長，海水裡的浮游植物就會增生。如此一來，以浮游植物為食的浮游動物也會增加。最後導致海水混濁，水中氧氣減少，魚類根本無法在這樣的環境中生存。浮游生物若附著在魚鰓上，會使魚窒息而死。生活廢水與工廠汙水大量排入溪水中，也是造成紅潮的一大原因。

大量聚集引發暴亂！蝗害

蝗害是指蝗蟲類昆蟲大量增生，吃光農作物的災害。日本的蝗害主要是飛蝗造成的，日本民眾日常所見的飛蝗，是綠色的「獨居相」個體，平時獨自生活，個性較為溫馴。不過，經過幾代在個體數較多的環境中生長，在某次出生的後代轉變為「群居相」，過著集體活動的生活，個性也變得暴躁。群居相的飛蝗會將棲息地區附近的農作物全部吃光，帶來毀滅性的打擊。

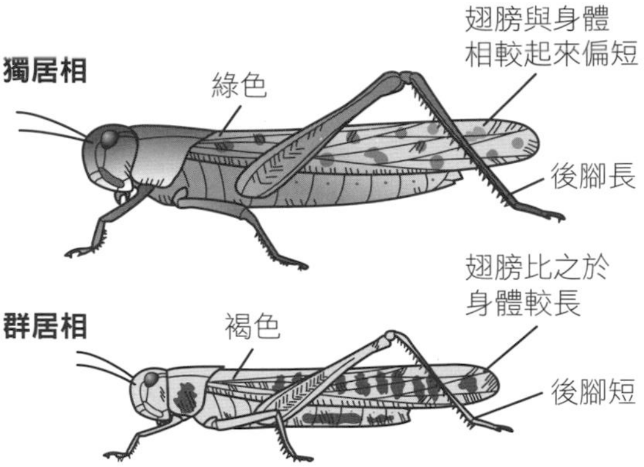
獨居相
綠色
翅膀與身體相較起來偏短
後腳長
群居相
褐色
翅膀比之於身體較長
後腳短

近年來，日本政府利用殺蟲劑減少了蝗害的發生次數，但是世界上仍有不少位於乾燥地帶的國家，飽受蝗害的痛苦。

隕石墜落

從外太空墜落的隕石也是天然災害之一。最近一次造成巨大災害的隕石，是在二〇一三年墜落在俄羅斯的車里雅賓斯克隕石。

據說該顆墜落的小行星直徑大小可能有數公尺到最大十七公尺，但在進入大氣層時就在空中燒蝕碎裂，在地面上發現的隕石碎片直徑最大的約一百五十公分，重量約六百公斤，墜落時的最快速度為每秒十九公里，這個速度比音速（每秒約三四〇公尺）還快！因此當它以超音速通過車里雅賓斯克上空，形成的衝擊波損毀了許多建築物。

隕石當然也會墜落在我們居住的區域，各位千萬不可漠不關心。

逃出地球計畫

漫畫、點心、還有做了一半的模型……
再帶一些泡麵好了。
幹嘛這麼慌張啊？
我在準備搬家啊！搬家！
你看看這本書！我沒有辦法再繼續待在這種可怕的地方了。
即將滅亡的地球
上面寫著未來石油會被挖光、人口也會急速增加，到時候冰河期和大地震一來，地球就會滅亡了。
即將滅亡的地球

天然災害防護罩Q&A

Q 鯰魚的英文是「○○○ fish」，請問○○○是哪個英文字？①dog（狗）②cat（貓）

A ② cat（貓）。鯰魚的英文是「catfish」。

前往我們的星球吧！
ゴウ
※轟
是個沒有空氣的星球啊。
所以這邊的空氣才會流過去。
那就不能住啦。
撒上「固體空氣」試試看。
ザラザラ
※撒、撒
順利撒完了。
應該差不多都溶化了吧……
嗯，這樣就行了。
走吧！

天然災害防護罩Q&A

Q 日本傳說中具有預言能力的妖怪除了阿瑪比埃之外，還有阿磨比古。這是真的嗎？

※跳

A

真的。江戶時代末期到明治時代初期，當時出刊的瓦版（類似報紙的刊物）還報導了民眾的目擊案例。

哇啊！跳過頭啦！
這裡的引力很小，得小心點才行啊。
如果要住在那顆星球上，得費一番工夫改造才行。
誰叫它什麼都沒有。
首先必須有水。
我們來做個小小海洋吧！
ザァー
※嘩啦
等做好海洋，再來造山。
然後讓天空飄幾朵雲，讓它偶爾可以下雨……
也要種一些花草樹木吧。
過一陣子，也可以讓小動物住在那裡。

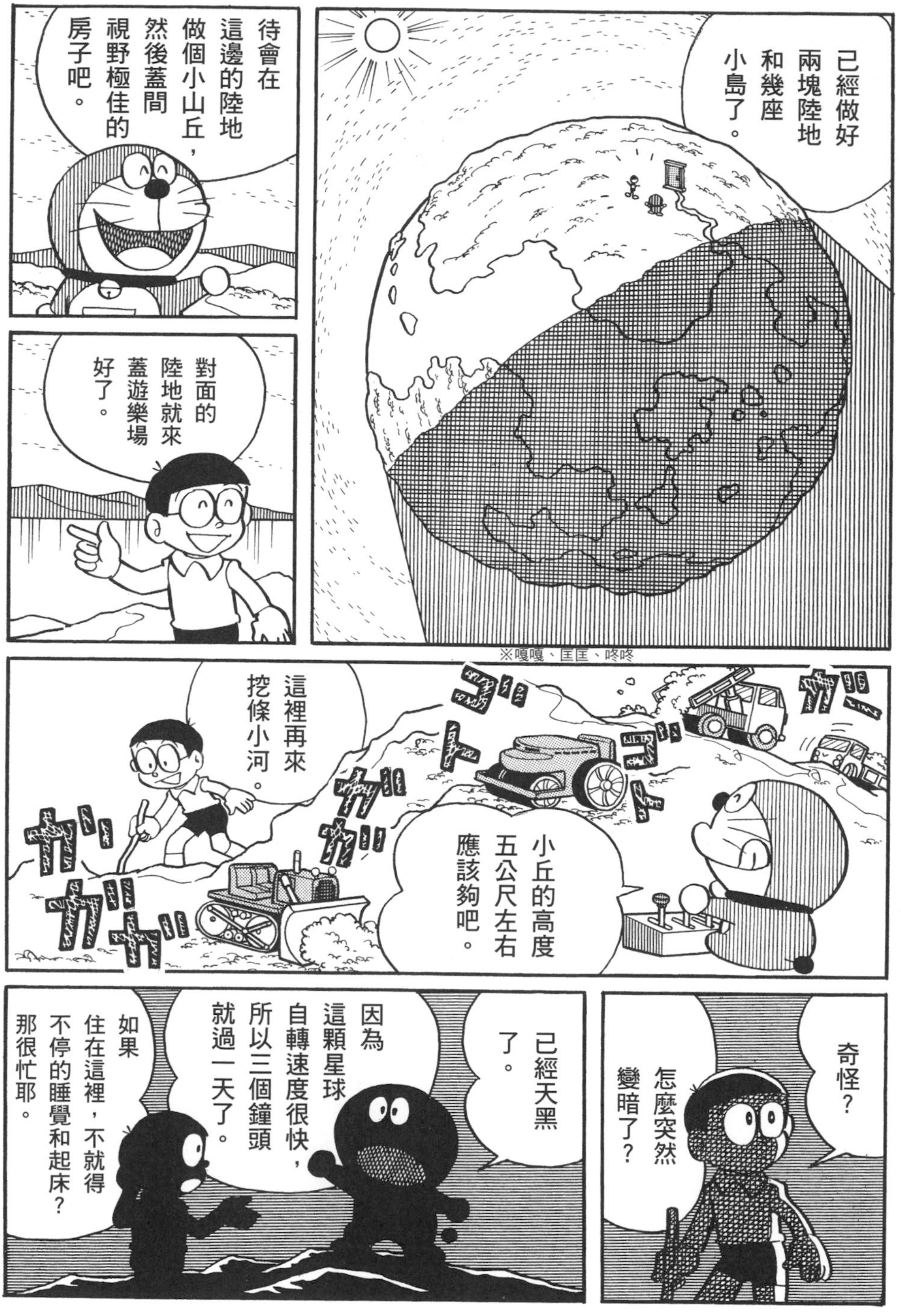
已經做好兩塊陸地和幾座小島了。
待會在這邊的陸地做個小山丘，然後蓋間視野極佳的房子吧。
對面的陸地就來蓋遊樂場好了。
※嘎嘎、匡匡、咚咚
這裡再來挖條小河。
小丘的高度五公尺左右應該夠吧。
奇怪？
怎麼突然變暗了？
已經天黑了。
因為這顆星球自轉速度很快，所以三個鐘頭就過一天了。
如果住在這裡，不就得不停的睡覺和起床？那很忙耶。

天然災害防護罩Q&A

Q 相傳江戶時代末期，安政二年十月發生安政大地震時，鹿島的神明在哪裡？

※啪嗒、啪嗒、咚咚

※咚咚、咚咚

A 出雲。日本的十月稱為神無月，所有日本神祇齊聚在出雲，離開自己駐守的神社。

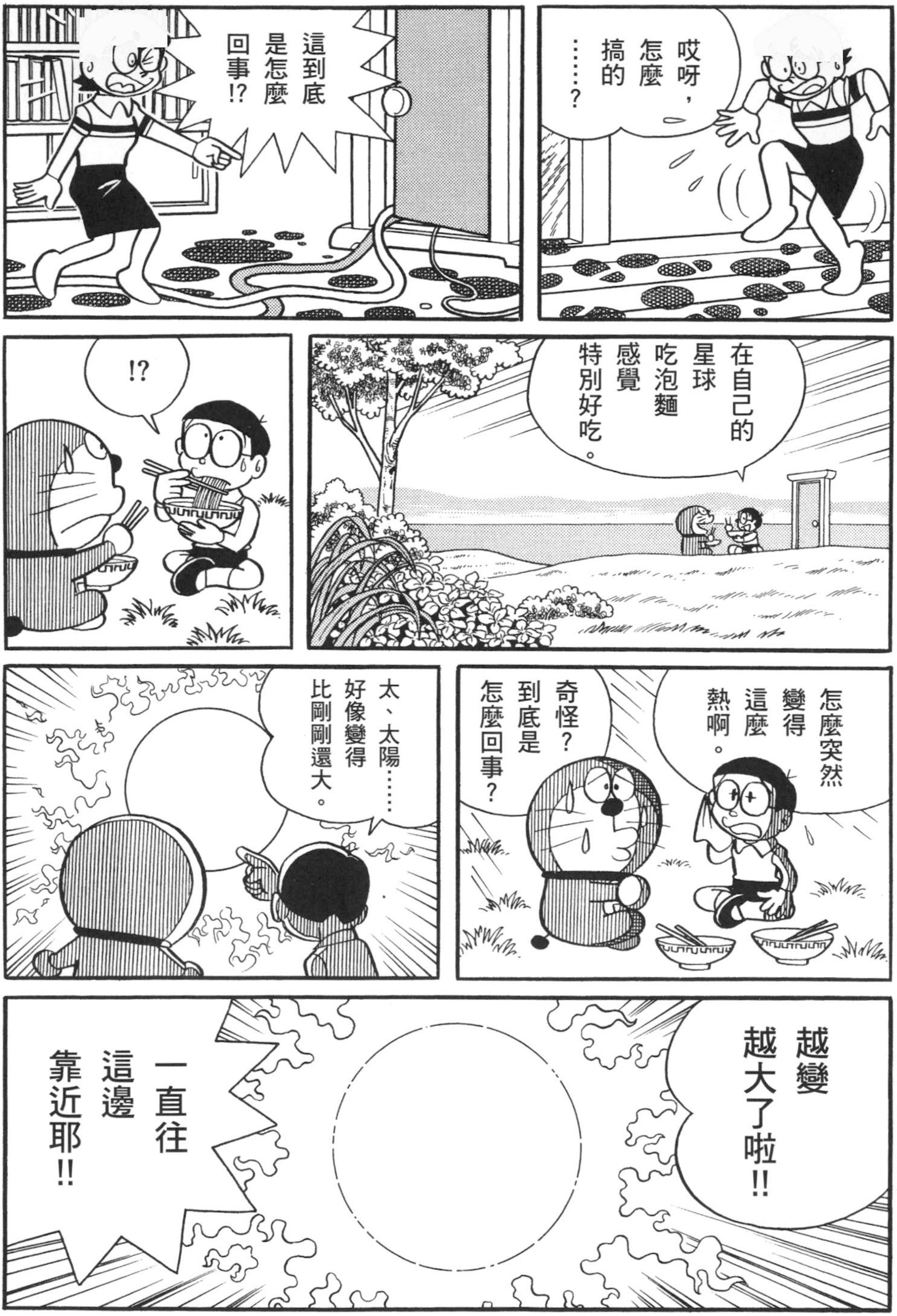

哎呀，怎麼搞的……？
這到底是怎麼回事!?
在自己的星球吃泡麵感覺特別好吃。
!?
怎麼突然變得這麼熱啊。
奇怪？到底是怎麼回事？
太、太陽……好像變得比剛剛還大。
越變越大了啦!!
一直往這邊靠近耶!!

天然災害防護罩Q&A

Q 河床高於我們居住的平地時，這類河川稱為什麼？①懸河 ②屋頂河

A

①懸河。當上游沖刷砂石到下游，就必須加高堤防，使得水位比周邊土地高，容易引發水害。

我知道了！
這顆星球是以橢圓形繞著太陽運轉。
炎熱
涼爽
而且公轉速度非常快。
所以一旦接近太陽，就會變成一種灼熱的狀態！
草燃燒起來了。
好燙、好燙。
要住在別的星球這麼不容易啊。
好可怕、好可怕。
暫時先搬到別的地方吧！
你們怎麼把房間弄得髒兮兮的!?

先人的智慧①災害通報

我們居住的地球到目前為止，究竟發生過什麼樣的天然災害？讓我們一起來回顧歷史吧！

以前的人都是如何通報災害的呢？

人類從過去到現在一直與天然災害搏鬥共存。以日本為例，無論是重疊的板塊交界與板塊移動引發的地震、境內的眾多火山，或是每年夏季到秋季從海上過來的颱風侵襲等，都是持續發生在日本列島上難以計數的天然災害。

過去的日本也同樣是這樣的自然環境，由古至今的日本人都面臨相同挑戰。各位知道古代的日本人是如何通報或記錄天然災害的嗎？

《日本書紀》是第一本記錄天然災害的歷史書，後來的歷史書與貴族的日記，也留下不少災害紀錄。貴族們寫的日記和信件是了解古代地震樣貌最好的線索。平安時代的貴族文筆很好，將天然災害記錄得鉅細靡遺。當時的天災和疫病都是與政治情勢、迷信、佛教的末法思想（廢棄正統佛教教義就會導致亂世降臨的思想）結合在一起來思考的，從古代的災害紀錄不只能了解當時的受災程度，也有助於解開週期性大地震的發生之謎。

日本國土地理院制定了「自然災害傳承碑」的地圖符號（二〇一九年），可幫助我們了解周遭地區天然災害的歷史，各位如果參閱地圖，發現自家附近有相關符號，不妨根據記號調查石碑的由來。

石碑上寫著：海嘯曾經到此，此處以下不能蓋房子。
大津浪記念碑

▲大津浪紀念碑（岩手縣宮古市）。右下為「自然災害傳承碑」的地圖符號。

影像來源／T.KISHIMOTO via Wikimedia Commons

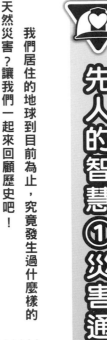

我們可以從過去的紀錄學到什麼？

各種災害經驗談與相關紀錄，都能運用在現代的防災對策上。

在此以地震為例來探討。九月一日是日本的防災日，各級學校和市區町村都會實施避難訓練，這是為了在災害發生時，將受災程度降至最低所做的演練。各位知道，為什麼日本會將九月一日訂定為防災日嗎？因為一九二三年的關東大地震就是發生在這一天。

關東大地震發生時，和東日本大地震一樣，世界各國紛紛捐款或捐贈糧食及醫療物資，給予日本許多的援助。前東京市長、時任內務大臣的後藤新平兼任帝國復興院總裁，推動災後復興計畫。後藤等人制定了《帝國復興計畫》，讓東京升級成耐得住天災侵襲的城市。大地震引發火災，導致許多人傷亡，日本政府以此為戒，大規模的擴張道路與建設公園，進行行政區劃。不過，由於計畫過於龐大，被揶揄為「大風呂敷」（說大話之意），加上花費驚人，遭到許多人反對，最後只實現了一部分。如今東京都內，還留著當時建造的道路。

話說回來，當時究竟發生過什麼災害？又造成了什麼樣的損失？當時的人們採取了什麼對策？將從下一頁起詳細解說。

▲關東大地震（有樂町災後的情況）。
影像來源／Wikimedia Commons

冷知識

後藤新平是什麼樣的人？

一八五七年出生於岩手縣。當上醫師後在政府招攬下，進入內務省衛生局工作，負責日本的保健與衛生等行政業務。在傳染病防治領域十分活躍，最後成為一名政治家。曾於一八九八年來台擔任日治時期總督府民政局長，推動許多建設。

影像提供／日本國立國會圖書館

先人的智慧②防災智慧

過去的年代不像現代科學發達，古人如何面對天災，採取哪些因應對策？

向神明祈求平息天災 古代~中世紀

自古以來，日本人認為大自然的山脈、岩石、樹木等都有神祇依附，因此十分敬畏大自然。舉例來說，富士山是女神木花開耶姬命的依附之所，自古就被視為崇敬的神體。正因為有這樣的想法，每當天災發生，朝廷就會供奉神祇，在寺廟神社祝禱。此外，還會虔誠貢獻土地、米糧、金錢等供品，平息神祇怒氣，達到安撫之效。當時的人們相信，這麼做可以減少災害。

當然，朝廷也會實施具體的救災對策。根據文獻記載，在平安時代，西元八六四年，富士山發生大規模噴發（史稱貞觀大噴發）。使得當地農民的生活陷入困境，朝廷免除了稅賦，以救濟受災戶。而且這類政策實施了好幾次。

當時的人們認為，瘟疫是神明生氣對人類的懲罰。從古墳時代（西元二五〇至七一〇年）開始，日本流行過好幾波天花。為了防堵這個從中國傳過來的傳染病，日本舉行了盛大的祭典，安撫神明。始於平安時代初期的「祇園祭」就是最具代表性的例子。京都「祇園祭」最初是為了擊退疫病而舉行的盛大祭典，至今每年七月仍固定舉行。

＊2020 年只舉行部分祭神儀式。

發展土木工程技術 戰國時代~江戶時代

日本是一個多山的國家，境內有許多短促湍急的河流。官方多次進行治水工程，避免發生水患，危害人民安全，同時增加農作物的生產量。最具代表性的例子，就是戰國時代（西元一四六七至一五九〇年）的甲斐國（現在的山梨縣）大名（相當於中國的諸侯）武田信玄。他進行了釜無川的治水工程，成功預防洪水，維持穩定的農業生產。當時土木工程所用的工具，大多是石頭、木材和竹子等材料。

進入江戶時代（西元一六〇三至一八六七年）以後，全國大名紛紛整治河川，以增加農作物收穫量，做好水患防治。

關於整治河川，還有一段很有名的故事。在幕府命令下，外樣大名（單純的地方諸侯，與將軍沒有密切關係）薩摩藩藩主島津木負責執行木曾三川的治水工程，投入大量金錢興建堤防（寶曆治水、一七五四至一七五五年）。由於這項工程的難度很高，許多薩摩藩士犧牲了自己的寶貴生命。工程結束之後，家老（江戶時代幕府或藩中的職位名稱）引咎切腹，令人惋惜。

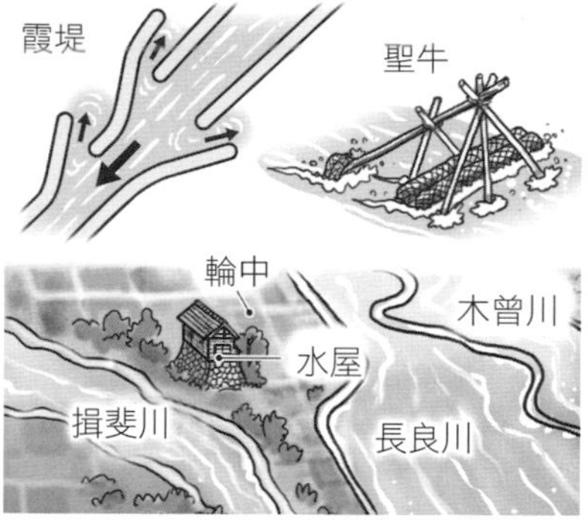

①木曾三川：木曾川、長良川與揖斐川，為強化堤防，還種植了大量松樹。②輪中：為防止洪水而將村落、耕地用人工堤壩圍起的土地。③水屋：建設在三公尺以上高地的房子，避免遭受水災，用來儲存糧食、工具等重要民生物資。④聖牛：降低河水流速避免潰堤的工程。

▲寶曆治水時建造的千本松原（中央）。
影像提供／ photolibrary

引進歐美的土木工程技術 明治時代～現代

進入明治時代（西元一八六八至一九一二年）之後，日本從歐美引進先進的土木工程技術。剛剛介紹的木曾三川治水工程，就是由荷蘭工程師里傑吉（Johannis de Rijke）主導木曾三川的分流工程，大幅降低愛知縣和岐阜縣的水災頻率。此外，日本地震學者大森房吉投入地震預報領域，推動科學研究。

太平洋戰爭結束後，日本各地紛紛推動國家主導的防災對策，興建堤防、防波堤、防砂壩等基礎建設。在氣象方面，為了事先預測颱風的生成和行徑路線，在富士山頂設置了觀測氣象的雷達（富士山測候所。二〇〇四年因任務結束而關閉）。最近日本發射了自己的氣象衛星，可以更精準的預測氣象。此外，日本還制定了《災害對策基本法》和《災害救助法》（台灣有《災害防救法》），災害發生時，國家能和地方政府一起合作抗災。在學術研究方面，避免日常生活遭到災害影響的防災減災研究，也在順利進行當中。在各個領域做好災害預測加上防災設備的統整齊備，就能減少天災帶來的損害。

天災紀錄①紀元前～古代

日本

■地球暖化，日本列島與大陸分離。

白鳳地震（西元六八四年）
↓史書首次記載發生在南海海溝的大地震

遷都平城京（西元七一〇年）

建御雷神和地震

建御雷神是日本神話中登場的神祇，又稱為雷神，是鹿島神宮的主祈神，被奉為地震之神。

藤原四兄弟全因天花逝世！

藤原四兄弟是藤原不比等的孩子，分別是武智麻呂、房前、宇合與麻呂。他們在西元七二九年扳倒了政敵，掌握政治實權；七三七年，天花在平城京肆虐，四兄弟全部染疫過世。

隨著掌權者接二連三的死亡，還加上疫病、飢餓與反叛等危機可能降臨，於是聖武天皇建造大佛，祈求大佛能保佑國家，免受各種災難的侵襲。

世界

羅馬帝國成立（西元前二七年）

被火山噴發消滅的城市——龐貝

▲留存在遺跡的繪畫　超過 1900 年前的顏色留存至今。

西元七十九年，義大利南部的大城，位於拿坡里東南方的龐貝城，受到維蘇威火山噴發的火山碎屑流與火山灰掩埋，瞬間消失在地球上。在遺跡的挖掘調查中，發現牆上的壁畫與當時人們的塗鴉。從遺跡可以清楚得知羅馬時代人們的生活樣貌。

影像提供／ photolibrary

遷都平安京（西元七九四年）

疫病在京城蔓延。舉行擊退疫病的祭典

疫病

祇園祭是為了平息疫病而舉行的祭典。九世紀時，許多京城居民因為疫病死亡。當時的人們認為疫病的流行是怨靈作祟，因此西元八六九年在神泉苑舉行御靈會（為了撫慰懷恨離世的靈魂所舉辦的祭典），超渡怨靈。

西元九七〇年在祇園八坂舉行御靈會，建立了現代祭典的原型。

貞觀地震（西元八六九年）M8.3（M為芮氏地震規模）

冷知識

祇園祭護身符「蘇民將來子孫也」

相傳素戔嗚尊（八坂神社的主祭神）為了感謝在旅途中借住一宿且提供飲食的蘇民將來，特地施法祝福蘇民將來的子孫永遠不會染上疫病。至今日本民眾參加祇園祭時，都會帶著這樣的護身符。

▲厄除粽

平安時代初期富士山噴發！

影像提供／photolibrary

火山噴發

▲從山梨縣遠眺富士山　左邊可以看到大室山。富士山的西北方噴發，熔岩流了出來。

清和天皇時代，西元八六四年富士山山腳發生過一次火山噴發。這一次的噴發導致農作物無法生長，根據史料記載，天皇還免除了農民的稅賦。

此外，當時很大的一個湖泊「剗海」被大量的熔岩流入掩埋，因而同時誕生出富士五湖中的西湖和精進湖。那次的噴發還形成了「青木原」森林地。富士山西北部的噴發活動所流出的熔岩冷卻凝固，大約在一千一百年之後，變成青木原樹海。

亞歷山卓大燈塔崩壞！

地震

古代世界七大奇蹟*之一的亞歷山大燈塔（埃及），受到地中海西部大地震影響半毀。亞歷山卓大燈塔的全高有一三四公尺，建造當時是全世界最高的人工建築物。如今專家仍不清楚當初是如何建造的。

＊古代世界七大奇蹟指的是古夫金字塔、巴比倫的空中花園、以弗所的阿蒂蜜絲神廟、奧林帕斯的宙斯神像、哈利卡納蘇斯的摩索拉斯王陵墓、羅得島的太陽神銅像以及亞力山大港的燈塔。

天災紀錄②中世～近世

時代	鎌倉	室町	戰國
世紀	12　13　14	15	

日本

■在鎌倉樹立幕府政權。源賴朝被任命為征夷大將軍（一一九二年）

★蒙古帝國大元王朝軍隊攻打日本（元日戰爭）

蒙古襲來
- 文永之役（一二七四年）
- 弘安之役（一二八一年）

室町幕府成立（一三三八年）

應仁之亂（一四六七～七九年）

冷知識　神風的真相？

文永之役（元日戰爭）中，來自蒙古帝國大元王朝的軍隊來勢洶洶，當時突然吹起了暴風雨，襲擊元軍船艦，擊退了元軍。於是，日本人將擊退元軍的暴風雨稱為「神風」。有專家認為，「神風」就是颱風。

不過當時正值十一月，此時氣候上已經接近冬季，不太容易有颱風，因此這個說法不太站得住腳。

海嘯

發生在一四九八年明應地震中，位於靜岡縣的濱名湖受到地震和將近十公尺的大海嘯影響，竟然與大海（遠洲灘）相連！專家認為這是過去發生的南海海溝特大地震之一。此外，在這次地震的三年前也發生過一場大地震，鎌倉大佛的大佛殿被海嘯沖走了。

世界

14

■義大利掀起了文藝復興風潮。

疫病　疫病撼動了世界！從宗教時代進入人類時代

在中國爆發的鼠疫隨著東方貿易，從亞洲傳入歐洲，奪走許多歐洲人的寶貴性命。鼠疫的流行在歐洲社會萌生出以人類為中心的思想（人文主義），成為了文藝復興（古典文化的復興運動）的思想基礎。

▲「死亡之舞」。14 世紀受到鼠疫流行的影響，衍生出的繪畫類型。描繪人們為了躲避死亡恐懼而跳舞的景象。

喬凡尼・薄伽丘撰寫《十日談》（一三五三年）↓故事背景受到鼠疫流行的影響。

影像來源／Wikimedia Commons

18 17 16

豐臣秀吉統一天下（一五九〇年）。

～慶長伏見地震～
大地震打亂了豐臣秀吉實現野心的步調

地震

一五九六年，京都、大阪一帶發生了嚴重地震，豐臣秀吉興建的伏見城，城牆與天守皆因地震損壞。由於這是發生在伏見城附近的大地震，為了轉運，豐臣秀吉還將年號從文祿改為慶長。當時被罰禁閉的家老加藤清正，也因為在地震中救助豐臣秀吉有功而被解禁，留下一段佳話。

德川家康成為征夷大將軍（一六〇三年）→成立江戶幕府

江戶時代陸續發生火山爆發

火山噴發

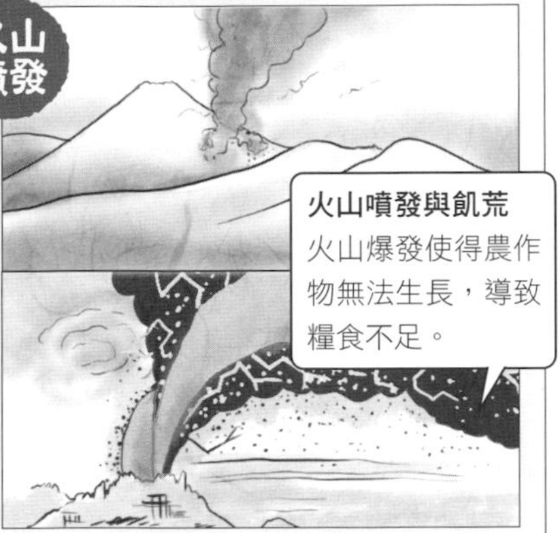
火山噴發與飢荒
火山爆發使得農作物無法生長，導致糧食不足。

▲富士山（上）、淺間山噴發（下）
引自當時的古文獻。

在被百姓譏諷為「犬公方」（狗將軍）的第五代將軍德川綱吉時代，一七〇七年富士山爆發，在山腰處留下一個噴火口。這一年還發生了嚴重的寶永地震，影響範圍從東海地方到四國，範圍相當廣。

一七八三年，淺間山噴發。鎌原觀音堂（群馬縣）的挖掘研究，讓後人清楚了解火山碎屑流噴出情形。

15 16 17 18

■大航海時代開始。
哥倫布到達西印度群島（一四九二年）

疫病遠渡大西洋，侵略美洲大陸？

疫病

西班牙帝國在當時勢力龐大，不斷侵略全世界。西班牙船隊在抵達南美洲之後，就派出西班牙士兵，以最新穎的武器消滅掉印加帝國。不僅如此，西班牙人還搶奪美洲原住民的金銀財寶，強迫原住民到礦山挖礦。這段期間各大陸間人員往來相當頻繁，許多歐洲人將疾病帶入美洲大陸。主要疾病包括天花、麻疹、鼠疫、百日咳、傷寒、流行性腮腺炎等。當地原住民遭受這些外來疾病侵襲，吃了許多苦頭。

麥哲倫船隊成功環遊世界一周（一五二二年）。

里斯本發生大地震（一七五五年）。
愛德華・金納發明牛痘疫苗接種（一七九六年）。

天災紀錄③近世～現代

時代	江戶	明治	大正
世紀	19		20

日本

阿瑪比埃現身熊本？（一八四六年）

安政大地震（一八五四～五五年）

↓流行「鯰繪」

■明治維新（一八六八年）

濃尾地震（一八九一年）

木曾三川分流工程完成（一九一二年）

↓周邊地區水患驟減

第一次世界大戰開始（一九一四～一八年）

地震　「防災日」與關東大地震

發生於一九二三年九月一日正午前，當時許多人都在煮午餐，加上當地有許多木造房子，因此造成了大規模火災。罹難者和失蹤人數加總起來超過十萬五千人，是一場十分嚴重的天災。

疫病　江戶流行霍亂

長崎是日本與外國通商的主要口岸，也是霍亂入侵的破口。據了解，霍亂是起源於印度恆河三角洲的地方性流行病。

霍亂從一八二二年起擴散至全日本，造成數十萬人染病。以《東海道五十三次》聞名的畫師歌川廣重也死於霍亂。

從江戶時代末期到明治時代，偶爾還是會有霍亂疫情爆發，讓日本社會陷入混亂。

19	20

世界

發生世界規模的太陽風暴（磁暴）（一八五九年）

↓在夏威夷和加勒比海都能看見極光。如果是發生在現代，可能會導致電磁干擾，輸電線和電子儀器都可能受損。

隕石　外星人搞的鬼？巨大隕石墜落

一九〇八年六月，一顆巨大的隕石墜落在俄羅斯帝國境內的克拉斯諾亞爾斯克邊疆地區。當時通古斯河發生不明原因的大爆炸，因此名為「通古斯大爆炸」，許多科學家紛紛投入研究調查。由於墜落地點在西伯利亞森林地帶，人類無法得知具體受災狀況，留下許多謎團，因此不少人認為這是外星人搞的鬼，還以此為題材拍了多部科幻電影。

第一次世界大戰開始（一九一四年）

第一次世界大戰結束（一九一八年）

21

第二次世界大戰開始（一九三九年）
太平洋戰爭開始（一九四一年）

地震

終戰前後發生的大地震

包括昭和東南海地震（一九四四年）在內，日本在第二次世界大戰終戰前後發生一連串大地震，這些地震與現在日本中央防災會議設定的南海海溝特大地震屬於同一個震源帶，而且是近代發生於該震源帶的大地震。

颱風

觀測史上最高紀錄，約3.5m的暴潮侵襲名古屋

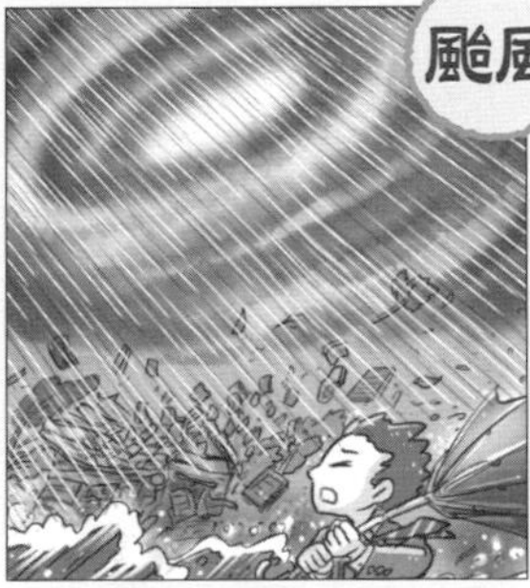

西元一九五九年九月二十六日，從和歌山縣潮岬登陸的「伊勢灣颱風」（颱風十五號），於隔天（二十七日）到達東北地方，為三十九個都道府縣帶來災害。東海地方的災情最為嚴重。

※戰時情報管控
↓限制天災報導。

太平洋戰爭結束（一九四五年）

阪神大地震（一九九五年）
東日本大地震（二〇一一年）
御嶽山噴發（二〇一四年）

冷知識

至今依舊難以治癒的疾病「結核病」

結核病在戰前屬於「不治之症」，十分恐怖。溼度較高的日本，最多患者染上的疾病就是肺結核。知名歌者正岡子規也是死於結核病。

戰後隨著施打卡介苗與衛生環境提升，結核患者大幅下降，但至今仍是必須高度警戒的傳染病之一。

20

21

海嘯

海嘯從地球另一邊襲來！

一九六〇年五月二十二日，智利當地時間下午三點十一分，發生了世界最強、芮氏地震規模九點五的超大型地震。震源位在智利外海，地震引起的海嘯卻橫跨了太平洋，抵達日本的三陸沿岸。

當時的海嘯高度超過六公尺，海嘯導致的死亡和失蹤人數高達一四二人。

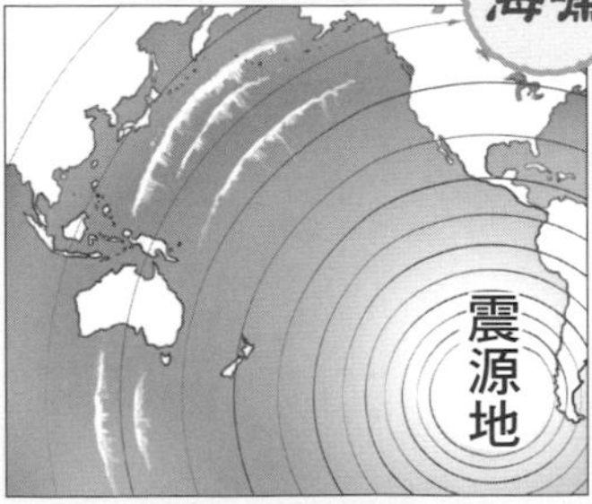

▲海嘯擴散　5月22日發生的海嘯，在5月24日凌晨，也就是大約22.5小時後，抵達三陸海岸。

醫界證實HIV（人類免疫缺乏病毒）的存在（一九八三年）。

二〇〇四年印度洋大地震
↓地球的地軸傾斜了數公分。

禽流感大流行（二〇〇四年）。

新冠肺炎大流行，擴散至全世界（二〇二〇年）。

從地名了解災害

筑波大學名譽教授　谷川彰英

災害與地名：請注意「地形」！

就像每個人的名字都有意義，地名也有獨特的意義。深入探索地名的意義，就能了解當地的歷史與風土民情。舉例來說，「山田」這個地名指的是「山裡的田地」。

另外，從地名也能了解災害的危險性，簡單來說，就是提醒大家○○地方容易發生△△災害，請注意個人安全。

在此我希望各位仔細思考，災害種類有很多，以颱風為例，颱風並非只侵襲特定地名之處。颱風形成與否，和當天的氣候條件息息相關。此外，地震也無法預測何時會發生，從這一點來看，地震也不是只發生在特定地名之處。

話說回來，在所有天災之中，與「水」有關的災害倒是有可能從地名的由來掌握其危險性。

道理很簡單，因為水是「從高處往低處流」，下大雨的時候，水會蓄積在「低處」，如果低處的名字有「池」或「沼」等用字，就要特別小心了。

還有另一個簡單的原理，水滿了就會「溢出來」。容量三百毫升的杯子裝不下超過三百毫升的水，超過的水會溢出來。這個原理若是應用在河川上，就是河川「氾濫」或形成「洪水」。有鑑於此，地名有「川」的地方也要特別小心。

日本的地名有八成來自於地形，我相信各位居住的地區，一定有幾處使用「山」、「川」、「谷」、「岡」、「森」、「田」等字。接下來我將從與「地形」有關的地名中，介紹幾個必須特別注意的具體範例。

注意這些地名關鍵字！

首先要注意的是顯示「低地」的地名，例如「池」、

※ 符合條件的地方不代表一定會發生天災。

「沼」等有積水意義的地名要特別注意。即使現在沒有水池或沼澤，也可能是過去存在過。如今東京的「溜池」是一條頗負盛名的時尚街道，那裡在江戶時代曾經有一座狹長形的溜池。

「窪」（久保）也是日本各處都有的地名，指的是「窪地」。東京的「荻窪」就是最好的例子，當地地形不耐大雨。儘管後來「窪」改成「久保」，但意思是一樣的。

「谷」的日文讀音通常是「たに」（TANI）或「や」（YA），但有時也會使用「谷津」或「谷戸」等字。同樣表示低地的地名還有「圷」，與其相對的是表示高地的「塙」。「圷」大多寫成日文讀音相同的「阿久津」，各位務必特別留心。

另外，凡是有「川」這個字的地名也要特別小心，尤其要注意兩條河川的匯流地點。有兩條以上河川匯流的地方，很可能出現河水外溢、氾濫的現象。匯流地點稱為「落合」、「川合」。顧名思義，「落合」是「河與河會合的地方」，是必須特別注意的地區。

此外，河川附近也有很多地方的地名使用「田」這個字。由於是從河川引水灌溉稻米，因此有這個結果也是理所當然的道理。「川田」、「池田」、「沼田」、「深田」等與田地有關的地名也要提高警覺。

坍方等土砂災害通常伴隨水患而來，具有「崖」這個意思的地名，從有漢字以前就存在，例如「ハケ」（HAKE）、「ホキ」（HOKI）、「ボケ」（BOKE）、「ハバ」（HABA），後來才冠上「波氣」、「保木」、「步危」、「羽場」等漢字。山崖地區有時也會使用「蛇崩」、「蛇喰」等地名，這些地名表現出暴洪與土石流像蛇一樣往下洩流的情景，可說是受災地名的代表範例之一。

最後來聊聊「津波」（海嘯）。雖然地震本身與地名沒有直接關係，但可以找出容易遭受海嘯侵襲的地方。「津波」的「津」是「港」的意思，代表位於海灣深處的港都是海嘯最容易侵襲的地方。這一點已經在東日本大地震證實過了，因此，各位千萬不能忽略海灣深處的港都（津）是受創最深之處這個事實。

日本又稱為災害王國，我們可以從表示「地形」的地名，了解天災的危險性。不過，這些地方不代表一定會發生天災，這一點也不能忘記。

探索！

土地過度開發導致河川洪水增加！

回顧日本河川造成的洪水歷史，就會發現一個重要事實。那就是隨著土地開發越來越頻繁，洪水發生的頻率也就越來越高。接下來搭配插圖，為各位一一說明。

1 以前的人住在高地上！

以前的人大多住在山區或高地，住在山林附近較容易獲得生活必需物資，最重要的是，可以避免可怕的河川洪水侵襲。

在日本戰國時代之前，境內的河川幾乎都沒有建置堤防，所以每次一旦下雨，雨水就會流入地勢較低的地方，最後匯入海洋。

2 新田開發政策讓人民開始住在平地

後來，戰國武將武田信玄與加藤清正等人開始著手治水工程，進入江戶時代之後，大力推動「新田開發」政策。稻米生產量增加，人口就會變多。由於這個緣故，為了提高土地生產力，必須進一步開發「新的農田」，讓人們遷移到平地居住。

水是人類生活的必要泉源，種植稻米等農業耕作更是需要水，這也是人們住在河川一帶的主要原因。

不過，生活型態的變化也讓居民經常面臨洪水的威脅。當時的河川不像現在有堅固的堤防，河川水道也不固定。

3 河川周邊的開發

明治時代以後，日本從國外引進河川疏濬工程技術，在河川兩側興建堤防，將水集中起來，導引至海洋，為了治水改變過去任由河水流入大海的方法。

簡單來說，為了避免河道中的水溢出堤防，必須將河川做成「導水管」的概念，稱為「洪水治導」。先計算出最高水位是幾公尺，再配合高度建造堤防。

洪水治導工程讓人們可以活用河川堤防旁的土地，而隨著工業發展，工廠設施林立。太平洋戰爭結束之後，城市更是需要更多土地，連河川旁也被開發成住宅用地。

4 河川氾濫引發洪水

話說回來，現代河川引發洪水是有原因的。

每年遇到颱風和梅雨季，一旦降下大雨，雨水就會流入被堤防圍起的河川裡；雨量一旦超過河道的容許量就會造成「氾濫」，形成洪水。由於堤防高度達數公尺以上，若是部分堤防結構遭到破壞，河水就會流入周邊地區，鄰近的區域就會淹水。這些都是受到「水從高處往低處流」與「水滿了就會溢出來」等原理所影響。

以經濟發展為目的的城市開發，導致河川引發洪水的頻率增加。這段過去不斷發生的歷史對現在的我們來說，仍舊是很難解決的課題。

如今日本各地仍有水患，許多災區原本就是「無人居住、水患較多的地方」，了解這點後，若決定繼續居住，就必須「認識河川，想好水患的防治對策」。

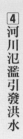

世界末日到了。
突如其來的大豪雨，
讓全世界所有的陸地
都沉到水底去了。
嗚哇！
呀啊！
哇啊！
救命啊！

快點上船啊！
是大雄！

世界沉沒

※迷幻
大雄！大雄！
※啵
快醒醒。
ポロ
※啪
這真的能看到未來發生的事嗎？
當然是真的！
我把時間調在十小時後，所以你剛剛看到的，就是今晚十二點會發生的事。
那你看到什麼？
什麼？
世界末日!?
下了好大的雨，
我還以為掉到海裡去了。
才一下子，水量就暴增，房子、樹木、還有電線桿都被淹沒了……
光是回想就覺得好可怕！

天然災害防護罩Q&A

Q 日本的避難指示（緊急）、避難勸告與避難準備，哪一項命令代表目前的狀況最危險？

A 避難指示（緊急）。這是災害危險達到最高等級時頒布的警報。由於有些難懂，日本政府正在研擬修正。

不過……這應該不會發生吧？
不，「未來眼球」是不會說謊的。
看到的景象一定都會發生！
快通知氣象台。
今晚是晴天？
不！絕對會下大雨的，趕快發布豪雨特報……
他們根本不信。
那當然啊。
電視台嗎？趕快插播新聞快報！
這可不是惡作劇電話啊！
喂喂？是報社嗎？
世界末日快到了……這可不是在開玩笑！
是聯合國祕書長嗎？
沒人會相信的。
算了啦。
人家會以為我們有病。

Q 日本首都東京都附近有二十一座活火山，這是真的嗎？

用常識想想，這種事真的會發生嗎？
嗯……我也開始沒把握了。
未來眼球故障了嗎？
再試一次吧！把時間調到十分鐘之後……
哇！對不起!!
看到什麼了？
拿下
果然故障了。因為我看到媽媽的臉。
喔！
媽媽應該傍晚才會回來，所以十分鐘後不可能會看到她。
真是讓人虛驚一場。
我正要搭公車，打開皮包，竟然出現青蛙……
呱呱
是你搞的鬼對不對？
真的發生了!?

A 真的。伊豆大島與三宅島等島嶼，共有二十一座活火山。

什麼？大豪雨會把房子淹沒？
你在做白日夢啊？
完蛋了！我們會被淹死的！
造船吧！
「自動電鋸」。
「自動鐵鎚」。
材料要多少有多少喔。
※敲敲打打
トン
カン
別理他們！當年諾亞造方舟時，也一直被人嘲笑。
把糧食搬上船。
有多少拿多少。

※諾亞：聖經裡出現的人物。相傳很久很久以前，神引發了洪水，想要滅絕人類。諾亞建造了一艘船，帶著動物和好人一起避難，活了下來。

天然災害防護罩Q&A

Q 搭電梯遇到地震時應該按幾樓？①一樓 ②屋頂 ③所有樓層都按

A ③所有樓層都按。為了避免被關在電梯裡的風險，趕快從最近的一層樓脫險才是最重要的。

滿天星斗，根本不像會下雨。
喂~世界末日到了沒呀？
囉唆！
竟然故意跑來嘲笑我們！
※汪汪！喔~啊嗚~
等著瞧！你們一定會嚇得臉色發白、哭喪著臉！
※噠噠噠
你們在這裡做什麼？
反正說了你也不會相信。
現在幾點？
十一點，還剩一小時。

Q 在外面遇到地震時，該逃到派出所還是加油站？

※咚咚咚

快起來！
大洪水真的發生了！
哇啊～一片汪洋！
世界末日到了！

※轟～轟～嘩啦啦

A 加油站。加油站不怕火災，建築物也很堅固。（注：在台灣建議還是移動到空曠處。）

誰來救救我們呀！
快點上船！
是大雄！
幸虧有大雄，我們總算得救。
你是我們的救命恩人。
大雄，謝謝你！
都是我們不好，沒相信你說的話。
大雄，我們不該嘲笑你的……我們實在太丟臉了。
大雄！大雄！
別吵啦！
給我起來！
還說什麼大洪水！根本就是你自己尿床！
原來白天看到的是這個夢啊。

做好準備，面對大自然的威脅

現代科學仍然很難精準預測天然災害，因此平時就要做好萬全準備，無論何時遇到天災都要冷靜應對。

如果發生天災……事先想好對策很重要

天然災害有各種類型，包括地震、颱風、洪水、海嘯、落雷、龍捲風、火山爆發等。

大災害侵襲時，為了盡可能減少災損（減災），培養「自助力」是最重要的事情。

自助力指的是自保能力。重點並非成為不怕任何災難的超人，而是平時就要做好抗災準備。

此外，「互助」（與自己以外的人一起合作）與「公助」（國家與地方政府等公家機關的協助）也是重要關鍵字，不過，遇到災難時，若無法先救自己，就不可能幫助朋友。平時請先想像發生天災的各種狀況，做好萬全因應對策，提高自助力。

生死一線間！黃金七十二小時

救災現場有一種說法，災難發生後的那三天，也就是七十二小時是救援關鍵。這個說法源自於「人不吃不喝可

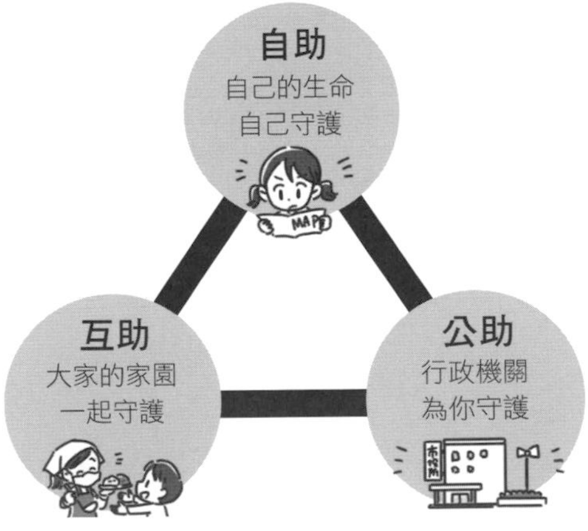

以存活的時間」，可以說災難發生的最初七十二小時之內，受災者的生存率會越來越低。

此外，天災發生時，電力、自來水、瓦斯、交通等等維持日常生活的資源（生命線設施）再也無法使用。生命線設施的搶修、支援物資的送達大多也要三天的時間。有鑑於此，平常在家就要準備好因應天災的緊急糧食和飲水，分量至少三天，才是最保險的做法。

你家做好防災對策了嗎？

請先檢視自己的家裡和房間，才不會在災難發生時驚慌失措。

臥室與兒童房內盡可能不放太多家具，就算要放，也只放些低矮的家具，這一點很重要。高度較高的書櫃容易在地震中傾倒，若是被傾倒的家具壓在底下，會造成嚴重傷害，因此一定要將家具固定在牆上，避免家具倒下來。下方插圖介紹幾個預防危險的妙招，請大家多多參考。

家具配置也要重新檢視！確認家具朝向與配置，千萬不能讓家具倒下來堵住出入口。

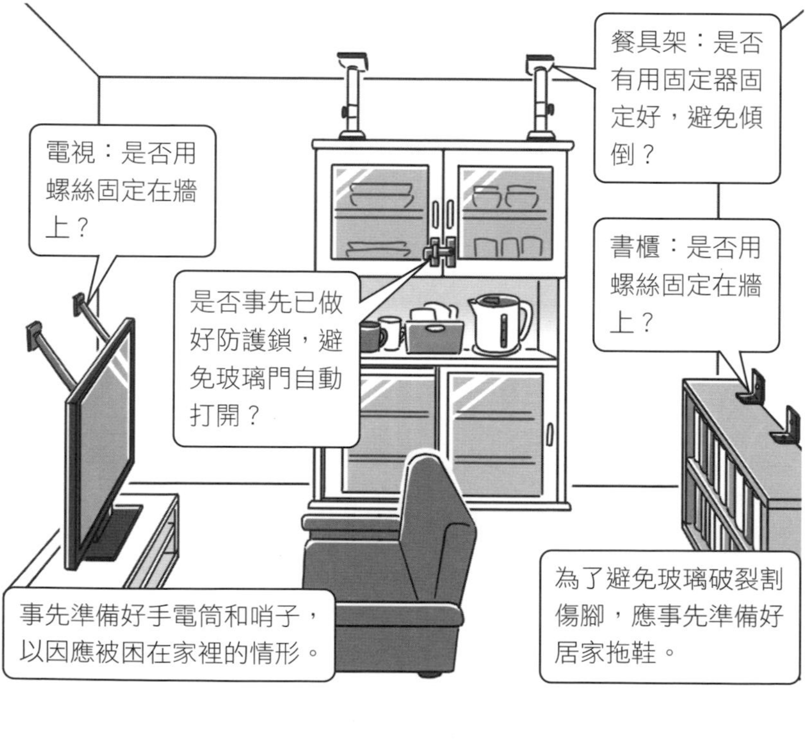
餐具架：是否有用固定器固定好，避免傾倒？
電視：是否用螺絲固定在牆上？
書櫃：是否用螺絲固定在牆上？
是否事先已做好防護鎖，避免玻璃門自動打開？
為了避免玻璃破裂割傷腳，應事先準備好居家拖鞋。
事先準備好手電筒和哨子，以因應被困在家裡的情形。

事先掌握遭遇天災時的聯絡電話！

當家人分住在不同地方，在遭遇天災時一定很難相聚。因此平時就要決定好遇到天災時，可以互相聯絡的方法。

天災發生過後，可能會因為停電，或太多人同時打電話，導致電話不通的情形。因此，很難接到外地打來的電話，即使是同一個區域內，也很難聯絡上。其實在這種情形下，從災區打電話出去反而比較容易接通，不妨以住在遠地的親戚為中繼點，透過對方報平安或傳話。

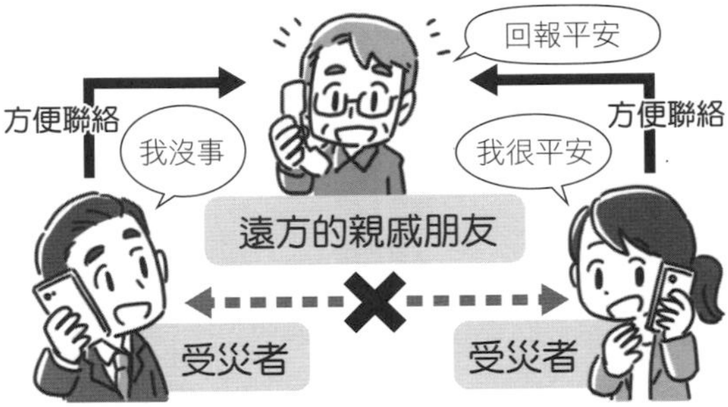
回報平安
方便聯絡
方便聯絡
我沒事
我很平安
遠方的親戚朋友
受災者
受災者

另外還有另一個方法也能對外聯絡，那就是利用政府設立的「災害報平安留言平台」。在台灣只要撥打「一九九一」，依照指示錄下自己的留言，知道你的電話的親人就能同樣撥打一九九一聽取留言。

除了撥打電話，你也能使用手機透過「www.1991.tw」報平安留言平台」網站，留下文字資訊。只要事先與親人朋友說好，發生災難時如何聯絡，遇到事情就不會慌張了。

公民館

冷知識

災害時很有用 政府的官方網站或臉書帳號

在台灣可以追蹤查詢以下官方機構的臉書、Line帳號或網站，遇到天災時就能快速收集相關資訊。

◆內政部消防署
◆行政院
◆各地方政府
◆水利署
◆氣象局
◆水土保持局
◆原子能委員會

事先說好緊急時的集合地點

為了因應大規模災害的發生，全家人事先說好緊急時的集合地點也很重要。因為發生天災時，手機和網路很可能不通，在此狀況下矇著頭找人，不但不容易找到彼此，還可能讓彼此陷入危險。因此，事先說好集合地點，靜靜等待，才能真正與家人會合。

如果因為地震造成住所有倒塌的危險，那麼前往指定緊急避難（請見下一頁）的公園等地較為安全；若是有洪水來襲，則應該前往地勢較高的區域。依照災害區分集合地點是很重要的。總而言之，平時就要和所有家人做好防災演練，提高危機意識。

災害發生時收集資訊很重要！

發生天災時，如何收集受災情形和生命線設施的恢復狀況等資訊，並採取最適合的行動，是保護生命安全最重要的一點。在正常狀況下，人們可以透過電視、廣播、報紙、網路、社群網站等方式收集資訊。但災害發生時，除了這些方法之外，還能利用災害用留言服務「1991報平安留言平台」。

此外，事先做好以下這些準備，遇到緊急狀態時就能有備無患。首先，請上氣象局和地方政府官網，確認如何瀏覽「防災資訊」。關於颱風與河川氾濫的相關資訊，可以從氣象局的氣象預報了解，這一點很重要。此外，也可以利用水利署的免費淹水簡訊服務，不妨事先登錄手機電話、email、所在地等資訊，以方便接獲警戒訊息通知。

另外，各地方政府的官網都會發布防災警戒資訊（地區警報與氣象預報等），不妨事先設定關注這類專頁，已得知最新訊息。也可用手機下載行動水情APP，查詢即時水情資訊，並接收警戒訊息。除了自己居住的地區之外，也要準備好通學、通勤範圍內的情報收集。

確認接收到的資訊是否可信

電視台發出的緊急速報都是來自具有公共性質的機構（例如國家、地方政府、氣象局等），而且這些速報的有效性僅限當下，可以信任。不過，為了因應停電等無法收看電視的情形，家裡如果有收音機聽廣播，將更加方便。地區FM頻道（社區調頻廣播電台）通常都與各地方政府合作，方便民眾得知詳細的防災與災害資訊，供水時間等救災資訊。

網路與社群網站是讓民眾安心的夥伴，雖然資訊量多，但也有大量不實傳聞和假消息流竄。面對所有資訊一定要抱持疑問，尤其是以「我是聽誰誰誰說的」這類傳聞消息，千萬不可照單全收，一定要特別小心。

確認居住地的避難場所！

遇到地震可能導致房子受損倒塌，或是火災可能波及自己住家等，沒辦法繼續待在家裡的情形時，一定要去避難收容處所。各地方政府都為了各種天災在各地區設置避難收容處所（各地區名稱可能不同）。

避難收容處所不是讓民眾生活的，只是暫時避難的地方。小規模災害通常選在小公園或空地暫時避難，但如果是海嘯或洪水這類大規模危險天災逼近的狀況，民眾就必須到「指定緊急避難場所」，一般都會指定大型公園或學校等空曠地點。另一方面，遇到非短暫避難，必須讓民眾待一段時間直到災害危險性消失為止的情形時，就必須到「指定避難所」過一段避難生活。通常各地方政府會指定學校體育館，或設置於大規模機構的室內設施。

避難收容處所的地點都標註在各地區的防災地圖上，不清楚自家附近避難收容處所在哪裡的人，請先好好確認。和家人一起確認避難收容處所的位置，並決定好集合地點，當災難發生、周遭陷入混亂時，就不必擔心其他家人的安危了。

冷知識

確認以下圖示

日本的指定緊急避難場所與指定避難所，是依照災害類型設置的，政府為了讓所有國民了解，遇到什麼天災該往哪裡避難，特別制定了日本產業規格（JIS）圖示。

影像提供／JIS Z 8210:2017

一起看懂風險地圖

風險地圖是以地圖形式針對可能造成災情或面臨危險的地區，顯示預測的受災類型。只要用手機掃旁邊的二維條碼，就能夠參考日本各地區的風險地圖。

風險地圖入口網站

https://disaportal.gsi.go.jp/

顯示發生大規模水災時，可能有危險的地區，和提供民眾避難的場所。

江戶川區 水患 風險地圖
洪水·暴潮
為了避免重蹈覆轍，發生大規模水患時，我們該做什麼？
淹水高度
預想最大規模
以顏色區分淹水時的水位高度。
淹水時間
預想最大規模
持續淹水1～2週以上
以顏色區分持續淹水的時間。
江戶川區幾乎全部淹沒
發生水患時區公所等公共設施也嚴重淹水
淹水前
淹水後
江戶川區公所前示意圖
標註避難場所，大家務必事先確認。
淹水高度
預想最大規模
占江東5區人口9成以上250萬人遭受淹水之苦
江戶川區周邊的
江戶川區周邊 江東5區大部分遭淹沒

影像提供／江戶川區水患風險地圖

※由於是預想資料，實際情況可能有所不同，也可能未標註中小河川的淹水受災狀況，請各位特別注意。

在學校裡也有風險！製作學校的風險地圖

【教室】

①日光燈、時鐘、電視：這些物品很可能掉下來，也可能往外飛出兩到三公尺遠。

②置物櫃等：可能傾倒。

【圖書館】

①玻璃窗：地震與強風很可能使玻璃破裂。

②書櫃與置物櫃：書本很可能掉出來，書櫃與置物櫃也可能傾倒。

【實驗室、家政教室等】

①藥物櫃：藥品散落或灑出來。玻璃器具碎裂，可能導致受傷。

②瓦斯槍和酒精燈：很可能打翻，引發火災。請特別注意火源。

③電熨斗和熱水：可能導致燙傷。

④電視、電腦：注意掉落！

在家裡也有風險！居家風險地圖與對策

臥室

大型家具如果傾倒，就會堵住出入口，擺放時要慎重考慮。此外，為了避免東西掉落打到頭，睡覺時頭部附近不要擺放家具雜物。重物請收在櫃子下方。

屋頂、騎樓

屋瓦如果鬆脫，就會被颱風、龍捲風等強風捲起。騎樓或陽台的晒衣竿、花盆等吊掛物，庭院裡的樹木支撐架等，都要好好補強。

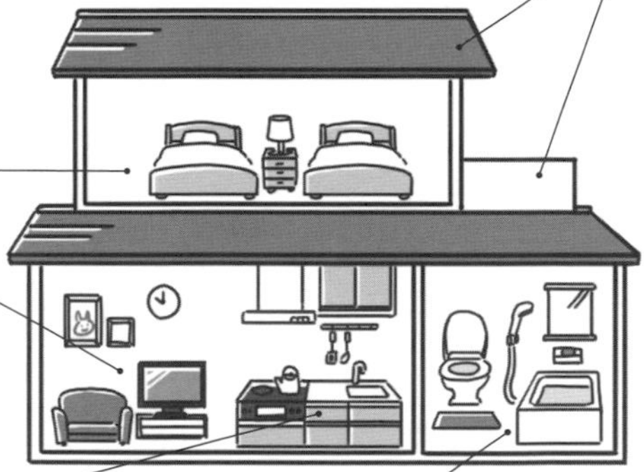

客廳

窗戶玻璃碎裂容易割傷，窗戶請貼上玻璃防爆膜。

廚房

確認是否安裝瓦斯自動遮斷器。為了防止大雨潑進來，從外側以 PVC 塑膠塞住縫隙。不過，不可以遮住空氣流通的空間。

廁所、浴室

這應該是家中最安全的地方，但可能會發生門打不開，被困在裡面的情形。如果門是往外開，請勿在門前堆放物品。此外，窗戶和鏡子也要貼上玻璃防爆膜。

颱風收集器與風藏庫

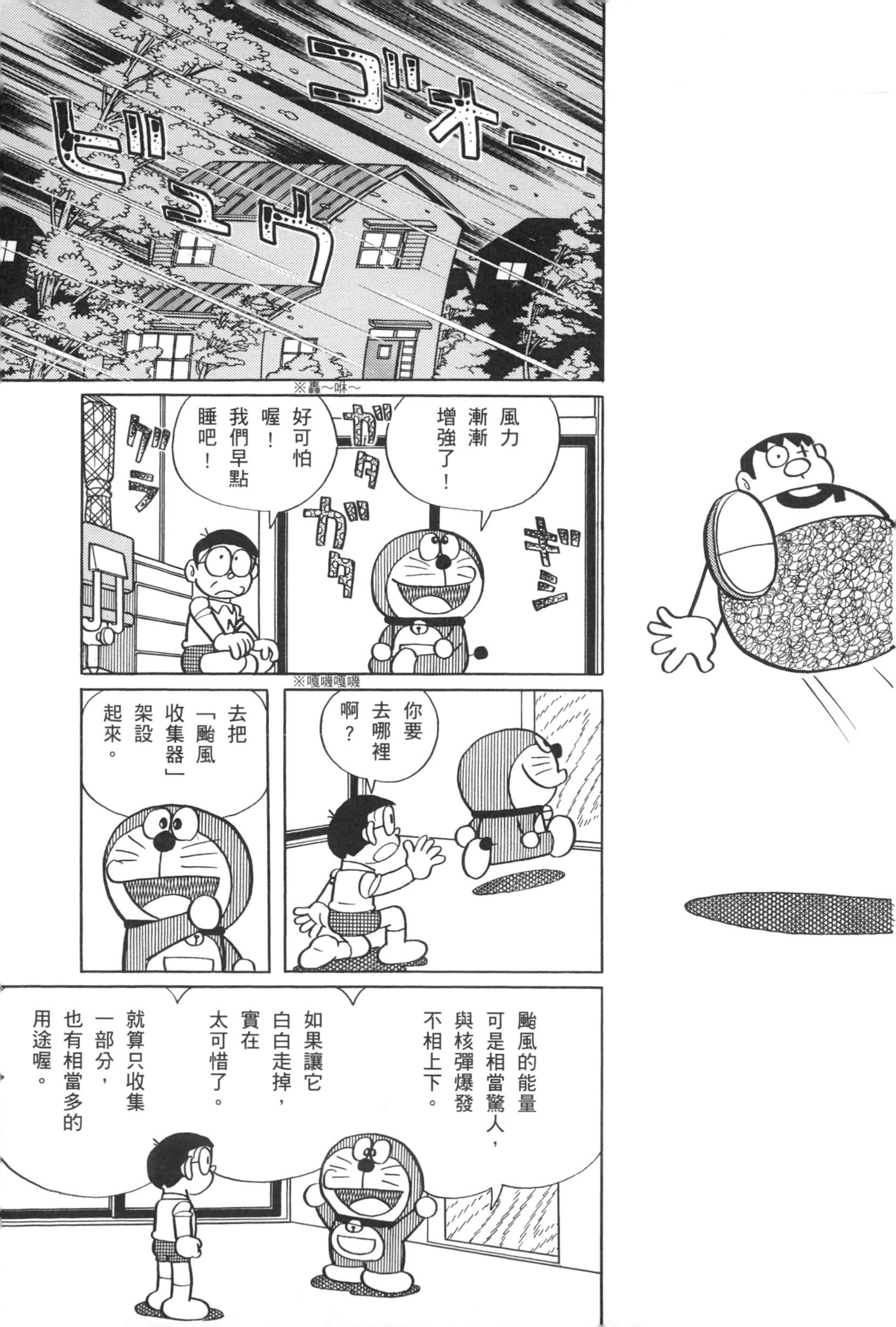

※轟～咻～
風力漸漸增強了！
好可怕喔！我們早點睡吧！
※嘎嘰嘎嘰
你要去哪裡啊？
去把「颱風收集器」架設起來。
颱風的能量可是相當驚人，與核彈爆發不相上下。
如果讓它白白走掉，實在太可惜了。
就算只收集一部分，也有相當多的用途喔。

Q

避難時最好穿著輕便衣物，這是真的嗎？

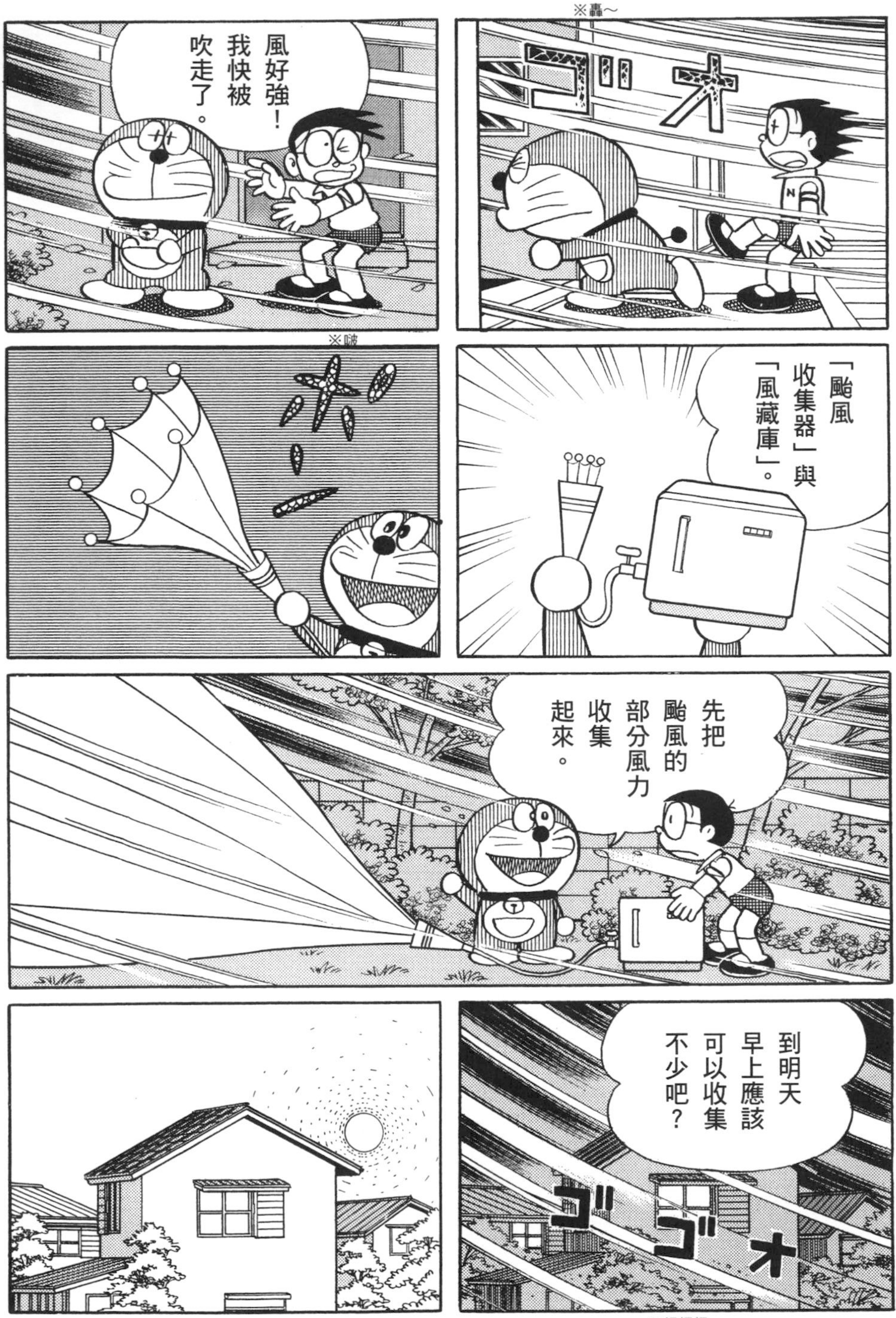

ゴオ
※轟～
風好強！我快被吹走了。
「颱風收集器」與「風藏庫」。
※咻
先把颱風的部分風力收集起來。
到明天早上應該可以收集不少吧？
ゴゴオ
※颯颯颯

A 假的。為了避免受傷，即使是夏天也要穿著長袖上衣和長褲。

天然災害防護罩Q&A

Q 在日本，最多颱風登陸的都道府縣是哪一個？①高知縣 ②鹿兒島縣 ③和歌山縣

A

②鹿兒島縣。因颱風受災最多的地區還被稱為「颱風銀座」。

※砰咚
太棒了！
我有颱風鎧甲了。
※轟~
給胖虎和小夫一點顏色瞧瞧。
※轟~轟~
我不會讓你這麼做的!!
抄近路趕過去，
通知大家。
你現在最好趕快逃走。
你叫我躲大雄？有沒有搞錯啊？
我看你是說反了吧？
小夫!!
大雄!!

天然災害防護罩Q&A

Q 淹水時，成年人還能行走的水位高度是多少？①淹到腳踝 ②淹到膝蓋下方 ③淹到大腿

A

②淹到膝蓋下方。水勢比外表看起來還強，流速也會影響可以行走的水位高度。趁著還能行動的時候，請前往高處避難。

※攻擊
※砰咚
啊哈哈哈～
憑大雄那傢伙？我胖虎有可能怕他嗎？
什麼!?
他有這麼厲害嗎？
我也沒辦法啊！
根本接近不了他。
「颱風圖」。
你拿著這個，邊觀察颱風的動向邊逃吧。
不妙！颱風朝這裡來了!!
祝你平安。

躲在水泥管裡面吧。
說到胖虎的避難所啊……
應該是空地的水泥管吧。
糟了！他朝著這裡前進了！
※轟～
ゴオ
※碎
※轟～
ゴオ
逃也沒用啦！
我會追你到天涯海角的。
ゴオ
ゴオ
※轟～轟～
嗨，大雄。
你好。

天然災害防護罩Q&A

Q 台灣的災害用報平安留言電話的號碼？ ① 110 ② 1991 ③ 119

A ②1991。每次留言的時間最多為三十秒，為了以防萬一，請記住這個號碼。

做好面對洪水的準備

河川氾濫與洪水等水患，都是由大雨和颱風引起的。接下來要為各位介紹如何做好準備，因應大雨造成的災害。

新的天災「內水氾濫」

洪水、氾濫與坍方等等都是大雨帶來的天災，造成的災害往往都很嚴重。受到游擊式暴雨影響，內水氾濫（第十九頁）是城市地區頻繁發生的水災型態。

內水氾濫與導致潰堤的外水氾濫不同，即使不在河川附近的地區也同樣會發生，而且是在短時間內迅速成形。內水氾濫會導致民宅淹水與交通癱瘓，稱為都市型洪災，引發新的災害問題。

順帶一提，電視新聞經常提到的「積水」和「淹水」，兩者的區別請參考上圖。

積水

淹水高度未到家中地板

淹水

淹水高度超過50cm

一起尋找防洪水利設施

國家與地方政府建造了各種設施預防水患，保護我們的日常生活。

【護岸】為了避免河水沖刷侵蝕河岸，在河岸表面鋪上石塊、天然石頭補強保護。

【滯洪池】堤防位置較低，讓部分河水外溢，蓄積在滯洪池，可以減少下游水量。

【堤防】將河川兩側的土填高，避免水量增加溢出。

【水門】建造在河川支流與本流交會處，避免發生洪水時本流的水逆流到支流。

【水壩】下大雨時，將水暫時蓄積在水壩，可避免大量河水往下流。慢慢排放安全水量至下游的做法稱為「洪水調節」。

不過，如果下大雨導致水壩接近滿水位，水壩管理機關有時也會實施緊急放水（異常洪水時防災操作），避免水壩潰堤。緊急放水會使河流水位急速上升，可能引發洪水。因此，如果收到緊急放水通知，請務必立刻避難，確保安全。

想要避免水患災害，避難時機很重要！

遭遇洪水的民眾常常說的一句話是「剛剛還很正常，沒想到水一下子就變多了」！

河水氾濫和土砂災害發生的速度超乎我們的想像，各位請參考風險地圖，了解自己的家是位於高地還是低地，確認發生水災的危險程度。如果水位高度淹過腰部，就很難避難了。有鑑於此，一定要立刻做決定，千萬不可猶豫。

●在戶外遭遇水災時……

如果待在戶外，請立刻跑進兩層樓以上堅固的建築物。道路淹水時很難看清楚路面狀況，胡亂在路上跑是很危險的事情。

●在山上或山丘遭遇水災時……

除了大雨和洪水之外，坍方也是沖積扇、山區和開發住宅區最需要警戒的天災。在河床注意水位變化，發現異常千萬不可靠近。

●在地下室遭遇水災時……

捷運車站等地下室開始進水或淹水時，水很可能會從樓梯流下來，或是因為停電導致電梯失靈，周遭一片漆黑，門也可能受到水壓影響無法開啟。總而言之，發現地下室淹水時，請務必立刻逃到地面上。平時一進入地下樓層就要先確認緊急逃生口的位置，當有事情發生時，要依照工作人員的指示避難。

上游山崩了？
山崩導致河水堵住了？

在家實施的水患對策

我們可以從氣象預報大致預測雨量，在可能淹水前做好準備。

●**沙包**：利用沙袋堆起暫時性的擋水牆，可避免水與泥沙侵入家裡。可向地方政府領取沙包，有些地方也會設置沙包站。

●**止水板**：利用板子和重物堵住入口，設置止水板。

●**下水道側溝、排水口**：側溝的枯葉與垃圾可能導致淹水，請務必在大雨前確認並排除。在排水口上放置水袋（裝水的袋子），可避免水從洗衣機、廚房、廁所的排水口逆流溢出。

止水板
在兩層塑膠袋裡
裝水（水袋）

前往避難收容處所的注意事項

前往避難時最好穿著雨衣雨褲，避免身體和衣服淋溼。不過，雨衣雨褲容易破損，最好再披上一件外套。鞋子以輕便球鞋為宜。若穿著雨鞋，當水滲入鞋子裡，鞋子會變得很重，反而不容易走動，建議別穿雨鞋。

此外，溼衣服容易降低身體溫度，導致失溫，如果可以，請帶著換洗衣物。

拿來放換洗衣物的包包或背包請選擇有防水功能的款式，避免弄溼衣服。換洗衣物也要用塑膠袋或是夾鏈袋包裝，多加一層防護。

至於沒有防水功能的手機，一旦浸溼就無法使用，建議關掉電源，取出 sim 卡，放在防水袋裡。

最重要的事情是，避難時絕對不可以跑去氾濫的河流或淹水嚴重的地方看熱鬧，一不小心就很可能被水沖走。千萬不要心存僥倖，以為自己不會那麼倒楣，平時就要做好水災因應演練，以防萬一。

放入換洗衣物的背包
雨衣（最好再披上一件外套）
手套
帶一支枴杖，確認腳邊安全。
穿球鞋勝過雨鞋。

颱風來襲！該怎麼辦？

當政府針對颱風發出「陸上颱風警報」時，學校也有可能會宣布停課。不過，相信還是有些人會認為颱風不會來。無論如何，帶來強風暴雨的颱風會對我們的家園造成極大災害。先一起來了解颱風帶來的災損與因應對策。

颱風災害

颱風會帶來大雨、洪水、暴風、大浪、暴潮等氣候變化，暴風十分強勁，可以吹翻屋瓦，嚴重時還會吹倒鐵塔。

此外，颱風不只會為城鎮帶來災害，也會重創農作物與森林。一九九一年接近並登陸日本東北地方的十九號颱風，對農作物造成極大的災損。十九號颱風幾乎打掉了所有青森縣蘋果園中的蘋果，造成的農損高達七百四十一億日圓。

做好防颱準備

為了預防颱風帶來的災害，不只國家和地方政府都會實施防颱對策，每位國民的自主行動也相當重要。究竟一般民眾該怎麼做呢？氣象局公布的氣象資訊是很好的參考資料。

氣象局會隨時提供大雨和颱風相關資訊，供所有國民參考。此外，你也可以上水利署或是水保局的防災資訊服務網，查看「氣象、水情、土石流」等多重監控系統，隨時確認自己居住地區和所在地區的即時雨量、水位、河川的即時影像和氣象警報。

每到颱風季節，各位千萬不要忘記做好家中的防颱對策。平時就要檢查居家的四周環境，做好預防水患的準備（第一四二頁）。如果住家附近有可能發生洪水的河流或可能發生土砂災害的地方，請務必事先確認好緊急避難收容處所的所在位置。

●颱風接近該怎麼做？

請參考下圖做好準備。此外，請先拔掉電器插頭，以避免淹水時發生漏電危險。還要準備飲水和生活用水（將浴缸放滿水），因應停水時期的需求。

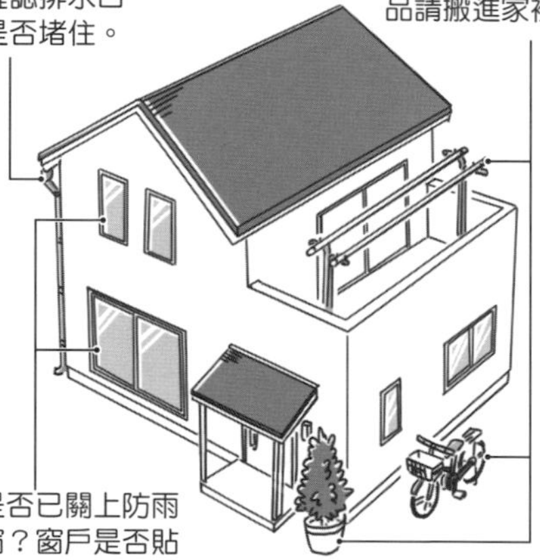
容易被吹走的物品請搬進家裡。
確認排水口是否堵住。
是否已關上防雨窗？窗戶是否貼好玻璃防爆膜？

直擊颱風！當下的因應對策

颱風來的時候，絕對不可以外出查看溝渠和海岸狀況，也不要上屋頂施工。如果人剛好不在家裡，請務必待在安全堅固的室內避難。此外，颱風和水患一樣，待在地下室相當危險，請儘早確認狀況，立刻避難。

隨時注意防災機關發出的避難資訊，當居住的地區發出避難勸告或避難指示，請立刻做好準備外出避難。外出前，請關閉火源與總開關，鎖好門窗，攜帶的物品越少越好，和躲避水患一樣，一定要揹背包，空出兩隻手。

冷知識

正確解讀日本的防災氣象預報！

日本氣象廳和地方政府發表的防災氣象預報與避難情報分成幾個階段，一起來了解各個階段的差異。此外，在大雨警報發布期間，如果一小時下了一百毫米左右的豪雨，氣象廳就會透過電視新聞發布的「破紀錄短時間大雨情報」。

防災氣象情報（緊急度高↓）

注意報	可能發生大雨、強風、暴潮等天災時發布預報，喚醒民眾注意。
警報	可能出現比注意報更嚴重的災害，或面臨迫切災害的危險時發布的預報。
特別警報	可能發生遠超過警報基準的重大災害時，發布的預報。

避難情報（緊急度高↓）

避難準備高齡者等開始避難	可能出現需要避難的災害所發布的訊息。
避難勸告	需要迅速避難。
避難指示（緊急）	面臨比災害更顯著的迫切危險時發布的訊息，應迅速避難。

發生龍捲風！該怎麼辦？

龍捲風是最具代表性的局部地區風災。台灣的龍捲風發生次數很少，一年平均四至五個，多發生在春、夏兩季。龍捲風是發生在局部地區的突發氣候現象，很難預測。為了避免遇到時驚慌失措，接著一起來學習龍捲風的因應對策。

龍捲風會導致以下災害

龍捲風會在短時間內，在有限範圍造成極大災害。龍捲風發生的時間從數分鐘到數十分鐘，影響範圍從長度數公里到數十公里，寬度從數十到數百公尺不等，在此範圍內有可能造成房屋毀損，車輛被掀翻。不只人和物體會被吹走，在被吹走的過程中也可能被甩到牆壁上，或被破損的窗戶玻璃割傷。加上龍捲風的移動速度很快，是極度危險的天災。

龍捲風的風勢是所有風災中最強的，一九九九年五月發生在美國的龍捲風，最大風速超過每秒一四二公尺，這個速度媲美磁浮列車，可將建築物連根拔起，汽車與幾噸重的列車也會被捲走。

此外，日本最大等級龍捲風發生在二〇一八年六月的沖繩，最大瞬間風速為每秒七十公尺，將汽車吹倒，傳出不少災情。

龍捲風因應對策

雖然龍捲風很難預測，但是有前兆。日本的氣象廳會根據龍捲風發生的可能性，分階段公布相關資訊。

▼**半天～一天前**：氣象預報宣布「可能發生龍捲風等強烈疾風」，提醒民眾注意。

▼**數小時前**：在雷注意報中註明「龍捲風」，提醒民眾特別注意。

▼**零～一小時前**：發布龍捲風注意情報。通知民眾現在的

氣候條件很容易發生龍捲風。

上述資訊都可以從電視節目的跑馬燈、廣播與各地方政府的電子報中取得。

發布龍捲風注意情報時，可以上日本氣象廳官網，隨時確認「龍捲風發生機率即時預報」公布的高風險地區。搭配參考龍捲風注意情報和龍捲風發生機率即時預報，最能有效避開龍捲風。網站上的相關資訊每十分鐘會更新一次。

發現龍捲風前兆應立刻避難！

左下圖裡的自然現象就是龍捲風即將來臨的前兆。

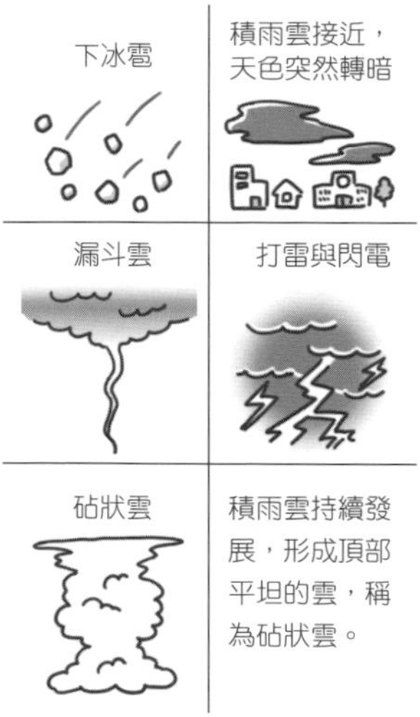
積雨雲接近，天色突然轉暗
下冰雹
打雷與閃電
漏斗雲
積雨雲持續發展，形成頂部平坦的雲，稱為砧狀雲。
砧狀雲

如果發現天空中的雲和平時看到的不一樣，一定要特別注意。此外，若吹起夾雜冰雹的冷風，請立刻躲到室內。

有些人會因為氣壓急速下降感到耳鳴，除此之外，若看見沙塵往自己進逼而來，或聽到轟隆隆的打雷聲，也要立刻離開現場，緊急避難。晚上視線不良，很可能無法發現這些前兆，一定要特別注意。

躲進堅固的房子裡，跑到地下室或無窗房間等風吹不進來的地方避難。
關上防雨窗，避免窗戶玻璃破裂（如果沒有防雨窗，請拉上窗簾，遠離窗戶）。
將車停在不阻礙出入的地方，或停進堅固的建築物內。
如果待在家裡，請躲進廁所、浴室等不通風的地方，雙手抱住頭部和頸部。
汽車
桌子
臨時組合屋
帳篷
千萬不可躲進不耐強風的帳篷、臨時組合屋等建物之內。

地震訓練紙

※砰咚
※喀啦、喀啦
有地震!!
※噠噠噠噠
是媽媽跌倒了啦。
居然當成是地震，真是太沒禮貌了!!
怎麼可以因為這點小事就嚇成這樣呢？
就算發生地震或海嘯，都要臨危不亂，拿出你的膽量來!!

天然災害防護罩Q&A

Q 地震發生時，如果正在煮飯，應該怎麼做？①立刻關火 ②等搖晃平息後再關火

A
②等搖晃平息後再關火。由於瓦斯大多會自動關閉，第一要務是確保自身安全，因此請等到不再搖晃後再關火。

可是突然天搖地動，任誰都會感到驚慌吧！
訓練一下你的膽量好了。
「地震訓練紙」。
只要用這個先適應震度，就算真的遇到地震，也能從容不迫。
※搖晃搖晃
先從震度1開始……
カク
カク
カク
這種程度沒問題。
那就再加強震度吧！
カク
カク
※搖晃
震度2……震度3……
ガク
ガク
ガク
※搖晃搖晃搖晃

好可怕!!
不能逃開！不然幹嘛訓練啊？
※搖晃搖晃
ガタガタ
不要動!!
心、心情好像……平靜下來了!!
我、我、大概、已經、已經能適應了。
那就再調高震度？
哈哈哈，好、好、好好玩喔。
喔~連震度7都能站起來了。
ゴゴゴゴ
很好!!接下來要趁你不注意時啟動。
※搖晃搖晃

天然災害防護罩Q&A

Q 遇到地震被關在密閉空間裡時，應該怎麼做？①大聲呼救 ②以硬物敲擊牆壁，發出聲音

A

②以硬物敲擊牆壁，發出聲音。大聲呼救會耗費體力，請用硬物敲擊呼救。

站在上面看看。
※晃晃晃
好可怕，我不要玩了！
不行！這是為了讓你習慣地震喔！
大雄，歡迎你來。
※晃晃晃
再見。
拿去嚇小夫好了。
費盡苦心做的模型終於完成!!

天然災害防護罩Q&A

Q 為什麼要說「海嘯來，各自走」？

A

因為海嘯速度很快，不要互相等待，立即逃命避難救自己，才能讓彼此安心。

天然災害防護罩Q&A

Q 南海海溝特大地震發生時，海嘯過多久會抵達日本本州最南端？①五分鐘以內 ②十五分鐘

A ①五分鐘以內。海嘯速度比想像中快。

地震來了！你該如何因應？

台灣是世界上時常發生地震的國家之一，從過去的災害中得到教訓，持續推動地震防範對策。不過，還是要以自助為重。遇到緊急狀態時，千萬不要慌張，保持冷靜，以正確方式保護自己。

大地震的影響範圍相當大

地震不只會造成建築物倒塌等直接災害，還會引起海嘯、坍方、土壤液化、火災等二次災害。關東大地震發生的火災旋風就是最典型的二次災害。

此外，地震還會斷絕電力、瓦斯、自來水等生命線設施。坍方會阻斷交通，使得偏鄉村落與外界隔絕。

另一方面，若是在短時間內，許多人同時打電話，或是通訊設施遭到破壞，會導致電話不通或是網路斷線等通訊中斷的情況。大地震是一種會在各種範圍造成災情的大規模天災。

各種地震對策

有許多研究機構針對地震進行科學性、社會性的調查與研究，並實際運用成果，包括緊急地震速報（第一八二頁）、指定避難場所（第一二七頁）、強化學校的防災教育、加強住家和建築物的耐震性等。氣象局將地震以下列表格顯示地震的搖晃程度（震度），希望民眾多加注意。

震度		人的感受和屋內狀況
0	無感	感受不到搖晃。
1	微震	人靜止或位於高樓層時可感到微小搖晃
2	輕震	多數人可感覺微小搖晃。
3	弱震	在屋內的人都感到搖晃、房屋震動、懸掛物搖擺。
4	中震	驚醒睡夢中的人、房屋搖動甚烈、懸掛物大幅搖晃。
5弱	強震	難以走動，部分未固定的物品傾倒。
5強	強震	難以走動，未固定物品傾倒、家具移動。
6弱	烈震	無法站立，家具傾倒、門窗扭曲變形，部分建築物受損。
6強	烈震	無法站立，家具傾倒、門窗變形，耐震建築物亦可能受損。
7	劇震	搖晃劇烈無法行動、部分耐震建築物可能受損或倒塌。

依照中央氣象局 109 年新版地震震度分級表製成

不同場所的因應對策與避難行動！

遇到震度五以上的強烈地震，即使待在室內也可能受重傷。為了保護生命安全，請先檢視室內狀況，根據以下表格確認危險場所，並依照下表進行防災演練，以防萬一。

客廳	・盡可能不擺放高度較高以及有玻璃門的家具。 ・書櫃等家具請用防倒器具固定。 ・電視盡可能放在低處，固定在檯面上。
廚房	・菜刀與餐具等調理器具用完就收起來。 ・餐具放在抽屜裡，再裝上安全護具，避免抽屜滑出。 ・冰箱與微波爐的底部鋪上耐震墊固定。 ・塞滿冰箱與天花板之間的空間，避免冰箱移動。
臥室和小孩房	・睡覺時頭部朝堅固的柱子，避免天花板掉下來砸傷頭部。 ・在床鋪旁放一雙鞋子，以利安全避難。
玄關和走廊	・這些地方都是避難動線，盡可能不放任何物品。 ・玄關是家裡最安全的地方，如果住在公寓裡，不妨將玄關當成家人的集合地點。 ・將緊急避難袋放在玄關的櫃子裡。

場所	避難行動
住家	・保護頭部，遠離大型家具，躲在餐桌或書桌下。 ・如果沒有桌子可以躲，請緊靠著沙發旁，趴臥在地上。 ・待搖晃平息後，開門確保避難路徑。 ・慌張跑出門可能會被掉落的碎玻璃割傷，請務必確認周遭狀況※。 ・檢查火源。不過，如果家中已安裝瓦斯自動遮斷器，等地震過去後再檢查，為避免瓦斯外漏，應緊閉瓦斯開關。
戶外	・上下學等待在戶外的期間，請遠離圍牆、自動販賣機、招牌與玻璃窗等可能倒塌、掉落的物體，將身體放低，以書包或書本保護頭部，等待地震過去。 ・以書包或書本保護頭部，往公園或學校等空曠處避難。
車站等公共設施	・若身處於人潮較多的公共設施，請冷靜下來，在設施管理人員與工作人員的引導下行動。 ・若無人引導，請待在現場，保護頭部，遠離吊燈或看板，逃到較為空曠的地方避難。 ・若是一群人慌慌張張地從緊急逃生口與樓梯跑出去，將會非常危險，請保持冷靜，千萬不要驚慌。
電梯	・按下所有樓層按鈕，若電梯停在最近的樓層，請立刻出電梯，避免被關在電梯裡。 ・若被關在電梯裡，請按下緊急呼叫鈕，聯絡管理中心，依照對方的指示行動。
交通工具內	・搭乘電車或巴士時，請小心緊急煞車，抓緊吊環或扶手，盡可能採取低姿勢。 ・停車後即使搖晃已平息也不要任意下車，依照工作人員的指示行動。 ・如果周遭沒有迫切的危險，所有人都要待在車內，打開廣播收聽最新資訊。

※若待在木造房子或老舊建築中，逃出屋外可能比較安全。請依照實際狀況靈活因應。

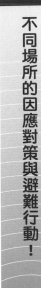

做好面對暴潮和海嘯的準備

海嘯與暴潮看起來很像，其實是完全不同的現象。了解兩者的不同之處，思考如何保護自身安全。

暴潮和海嘯造成的災害

誠如第三十三頁所說，暴潮是潮位在短時間內暴增，一口氣引發淹水的現象。暴潮會帶來房子毀損、沖垮，船舶受損、衝撞等各種災害。

另一方面，海嘯則是從海底帶上來的海水形成一面牆，往海岸襲來的現象。由於這個緣故，海嘯威力很強，可以從出海口進入河流，深入內陸地區。導致海拔較低的土地發生大範圍淹水，海岸附近的建築物也可能倒塌毀損。海嘯可怕的地方在於回流（見下一頁）與海嘯火災。海嘯火災指的是燃燒的漂流物隨著海嘯帶入住宅區引起的火災，東日本大地震就曾經發生延燒山林的重大災害。

暴潮和海嘯的因應對策

海岸附近的低地是最容易受到暴潮侵襲成災的地方，為避免災情，在低地前方設置防潮堤和水門，並用水泥護岸補強海岸。颱風接近時，請務必確認氣象局發表的暴潮警報，接收當地鄉鎮區公所發布的避難情報。另外，下圖的海嘯防波堤也是海嘯對策之一。雖然很難阻止巨大海嘯，但可以減少受災狀況。

大家都做得到且最有效的對策，就是逃到高處等安全的地方。請在居住地區的海嘯風險地圖中，標示自家與學校的位置，確認距離最近避難場所的前進路徑。不只是住在海邊附近

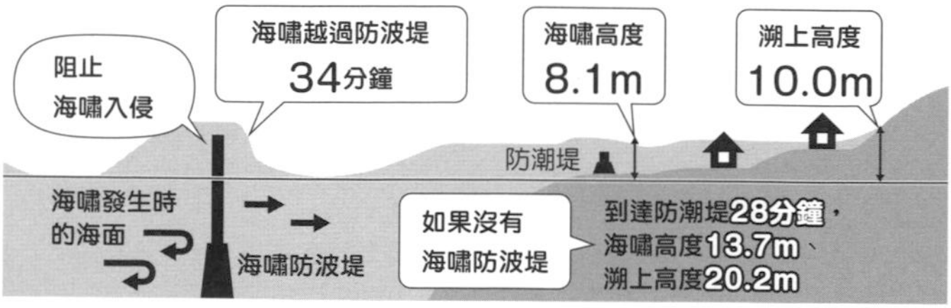

阻止
海嘯入侵
海嘯越過防波堤
34分鐘
海嘯高度
8.1m
溯上高度
10.0m
防潮堤
海嘯發生時
的海面
海嘯防波堤
如果沒有
海嘯防波堤
到達防潮堤28分鐘，
海嘯高度13.7m、
溯上高度20.2m

編纂日本國土交通省的資料製作而成

的人，前往海邊玩水或釣魚的遊客，也要注意是否有標註海嘯警示標誌與避難場所（第一二七頁）告示牌。

日本的暴潮／海嘯圖示

日本的暴潮／海嘯警示圖示

影像提供／JIS Z 8210:2017

海嘯來了！這個時候該怎麼做？

當氣象局發布海嘯警報時，請盡快逃到高地等安全的地方。氣象局的海嘯資訊共有以下四種類：

●**海嘯消息**：太平洋海嘯警報中心（PTWC）發布海嘯警報，經中央氣象局評估可能引起民眾關切，即發布海嘯消息，提供民眾參考。

●**海嘯警訊**：太平洋海嘯警報中心（PTWC）發布海嘯警報，預估6小時內海嘯可能到達台灣，即發布海嘯警訊，提醒民眾注意。

●**海嘯警報**：①太平洋海嘯警報中心（PTWC）發布海嘯警報，預估3小時內海嘯可能到達台灣，即發布海嘯警報，提醒民眾防範。②中央氣象局發布地震報告，台灣近海發生地震規模7以上，震源深度淺於35公里之淺層地震，即發布海嘯警報，籲請沿岸居民因應海嘯侵襲。

●**海嘯報告**：台灣沿海觀測波高50公分以上之海嘯，應儘速發布海嘯報告，提供民眾參考。

無論發布哪一種警報，在沿海與河川附近的人請立刻逃到高地，或前往鋼筋水泥建造的建築物三樓以上避難。如發布警報時人在海中，請務必立刻上岸，遠離海邊。

不是海嘯來了就結束？

上岸的海嘯在到達頂點後，就會返回海裡（回流）。回流的力道相當強，可將倒塌的建築物、汽車與船舶全部捲入海裡。此外，有時還會出現第二波、第三波海嘯（第五十六頁），後面的海嘯可能比第一波強，第二波也很可能是在一個小時後才上岸。有些人以為第一波過去就沒事而回家查看，沒想到卻因此喪命。

有鑑於此，就算已經過去一波海嘯，在海嘯警報尚未解除之前，一定要持續避難。過了警報預定時間，海嘯卻沒來的情形也一樣，因為警報預定時間只能做為參考，海嘯很可能提早來，也可能延後到。

做好面對火山爆發的準備

台灣也有許多火山，但唯一的活火山在大屯山火山區。你知道火山是如何噴發的嗎？遇到火山爆發時該如何因應呢？

火山爆發帶來的災害

火山爆發會造成很大災害，從火山口噴出的大型噴石、火山碎屑流、融雪型火山土石流（熔岩與火山碎屑流融化積雪引起的土石流）伴隨噴發而來，人們根本來不及逃難，是非常危險的氣候現象。

此外，融化的岩石在地表流動，形成熔岩流，可能導致森林火災；小型噴石與火山灰會帶來農損，還會阻礙各種交通工具（尤其是飛機）的視線，嚴重影響人們生活。吸入火山氣體，很可能引發硫化氫中毒症狀。

此外，火山爆發噴出的岩石與火山灰在地面蓄積後，若此處降下大雨，很容易導致土石流或泥流。

影像提供／PIXTA

▲被火山灰覆蓋的農作物

火山災害的因應機制

日本氣象廳透過火山監視與警報中心，隨時監控境內的活火山。不僅如此，火山噴火預知聯絡會選出五十座「特別需要監控的火山」，每天二十四小時觀測與監控。

此外，日本國土交通省開發的火山噴火即時風險地圖系統，可預測熔岩流、火山碎屑流與融雪型火山土石流等流出範圍，依實際需求提供相關資訊，方便民眾建立避難計畫。為了將流出的熔岩流災情降至最低，設置了熔岩導流堤，改變熔岩的前進方向。

如何接收資訊 避開火山噴發的災害

為了保護民眾避免遭受到火山噴發的災害，日本政府制定了「噴火警戒等級」（如下表），因應火山活動，將警戒範圍、防災機關與住民等必須採取的防災對策，分成五個等級。

此外，日本有三十七座火山設置了火山防災地圖，明確標誌火災風險地圖中，有利防災的必要資訊（內閣府《防災情報頁面》），請因應噴火警戒等級，確認危險場所。

另一方面，針對隨時監控中的活火山，如果出現噴發活動，也會迅速發布「噴火速報」。噴火速報雖然不會公布噴發規模，但可以盡速傳遞資訊，讓民眾立刻避難。千萬不要因為不知道噴發規模而掉以輕心，一看到噴火速報請立刻避難。

種類	等級	關鍵字	狀況
預報	1	留意活火山	火山活動平穩
警報	2	火山口周邊限制	禁止進入火山口周邊
	3	入山限制	禁止登山、入山
特別警報	4	避難準備	必須做好避難準備
	5	避難	有避難之必要

火山噴發的避難方法

避難時請關緊門窗、關掉電源和瓦斯總開關，由於可能會遇到短時間無法返家的情形，千萬別忘了帶貴重物品。

●避難時

戴上安全帽，避免噴石砸傷頭部；戴上護目鏡與口罩，避免火山灰跑進眼睛、鼻子和嘴巴。火山灰弄溼時很滑，請盡量穿上鞋底不滑的鞋子。

●登山期間遇到火山爆發時

躲進堅固的避難小屋或避難所，避免被噴石砸傷。如果附近沒有避難場所，請預判噴石的下降軌道（噴石是從火山口呈拋物線往下墜），躲到大石後面，保護自己。如果聞到硫磺味，空氣中可能有硫化氫，請以毛巾遮住口鼻，儘早躲到安全的地方。

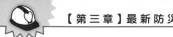

不再害怕打雷

※轟隆轟隆

※閃電

好像打在這附近。
奇怪，大雄呢？
被他們嘲笑後就跑回來了？你真沒用耶!!
打雷不過是普通的放電現象而已。
我知道啊，但我就是會害怕嘛。
真拿你沒辦法。
用這個來習慣打雷吧！
這是什麼？
這是「雷電雲」。雖然很小，但是可以釋放出很強的電擊。
拉~
ガラガラ
ピシャ
光顧著逃是無法習慣的。

※打雷閃電

天然災害防護罩Q&A

Q

日本自古流傳的諺語，最怕的四件事是「〇〇、打雷、火災、親爹」，請問〇〇是什麼？

A 地震。以前的日本人最怕地震。

你們如果敢做壞事，小心遭到正義雷電制裁喔！
好好玩喔！
天暗下來了，把電燈打開吧。
？
媽媽發脾氣時，比打雷還恐怖呢！

打雷了！打雷時該怎麼辦？

天空中突然金光閃閃，瑞氣千條，宛如電影場景，真是酷斃了！不過，如果真的打雷，相信你就不會這麼說了。為了避免在落雷時受災，請做好預防對策。

打雷會帶來什麼災害？

落雷時，會為周遭地區瞬間帶來大約兩億伏特、二十萬安培的高壓大電流。家用電力的電壓、電流為一百伏特、五十安培，相較之下，雷電的能量真的很強大。

被雷電打中會造成極大災害，若打中屋頂或電線桿，可能導致火災；若打中人則可能危及性命。

就算雷電只是落在住家附近，也可能影響住家。例如落雷的衝擊震碎窗戶玻璃，電流導致觸電或流經電線與電纜線，流入與插座連結的家電製品，導致家電故障。

雷雨期間的危險行為

一般來說，若能夠聽到雷聲，代表雷與你的距離大約在十四公里之內。換句話說，在那個當下，你已經在雷電的射程範圍了，請立刻到室內避難。此時要注意以下幾個重點：

・撐傘或將球棒等棒狀物伸直，超過頭部…✕

雷電有一個特性，那就是會落在地面上的突起物，因此千萬不可以做出任何會吸引雷電的行為。

・在樹下或木造建築物的屋簷下躲雨…✕

雷電很可能打在木頭與建築物上出現導電現象，十分危險。

此外，雷擊分為直接被雷打中的「**直擊雷**」；承受落雷的物體，將電流傳遞至其他地方的「**側擊雷**」；以及落雷的電流在大氣中產生分歧，落在多個地方的「**分歧放電**」。了解雷電的特性，才能更安全的避難。

落雷時如何保護人身安全與重要的家電製品？

●室內　為了避免側擊雷，請遠離牆壁一公尺以上，遠離連接天線的電視機兩公尺以上，不要接近自來水管與配水管（落雷的高壓電可能透過金屬管入侵室內）。

●戶外　躲進鋼筋水泥製的建築物、汽車、電車等交通工具內避難。如果無法立刻躲進室內，先看附近是否有高度超過三十公尺的輸電塔，如果有，距離輸電塔四到三十公尺以內、高度較低的地方，如下圖所示的保護範圍比較安全，請待在保護範圍內避難。若雷打中輸電塔，保護範圍距離輸電塔四公尺，有助於避開側擊雷。以上情形不適用於樹木，請務必多加小心。

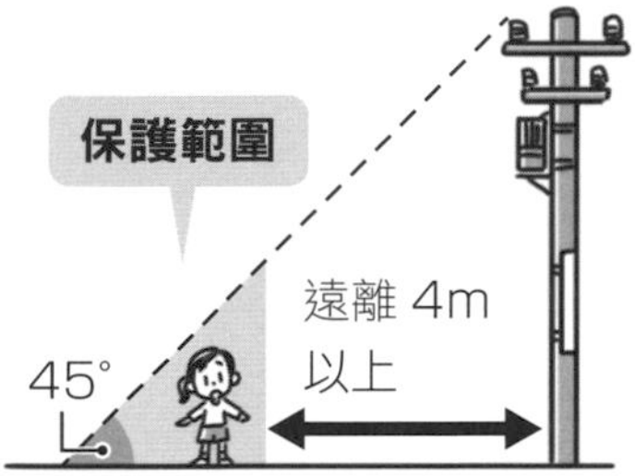
保護範圍
遠離 4m
以上
45°

如果很難離開現場，請如下圖所示蹲在地上。雙腳腳跟併攏，蹲下且腳跟踮起，可讓電流從一隻腳進，往另一隻腳導出至地面，也能避免電流進入上半身。請務必記住這個蹲姿。趴在地上會增加地面與身體的接觸面積，增加電流流經心臟的危險性，因此千萬不能這麼做。

遮住耳朵，
避免雷聲傷害
頭部放低
腳跟併攏
蹲下且腳跟
踮起

●家電製品防護法

拔掉插頭，關閉家電製品的電源，避免電流竄入。平時不用的電子儀器請拔掉插頭。

裝設避雷器（突波保護器等）也是一個好方法。避雷器是用來遮斷緊急異常高電壓高電流的機器。在插頭或通訊設備安裝避雷器，可預防電流。

順帶一提，目前已經證實，「金屬很危險，不通電的橡膠製品較安全」的觀念是錯誤的。

天氣炎熱也會讓人昏倒？了解中暑症狀

構成人體的物質中，有些物質超過攝氏四十二度就會凝固，高溫對人體來說，是很危險的情境。

什麼是中暑？

在氣溫與溼度較高的地方從事劇烈運動，會在體內積蓄大量熱氣，使體溫無法順利調節，體溫異常升高的症狀就是中暑。

中暑時會出現左列症狀。

輕症

- 暈眩、起立頭暈
- 臉頰發熱
- 肌肉痛
- 大量出汗

中症

- 頭痛
- 噁心
- 身體倦怠
- 無力

重症

- 痙攣
- 失去意識
- 無法走直線
- 體溫高

▲中暑症狀

如何避免中暑？

補充水分與鹽分是預防中暑的關鍵，避免曝晒在陽光下，避免熱氣蓄積在體內也很重要。請注意下列事項：

多喝運動飲料，補充鹽分與水分。

SPORTS

撐陽傘、戴帽子或躲在陰影處，避免直接晒太陽。

穿著涼爽衣物，避免熱氣蓄積。

身體不適該怎麼辦？

發現身體不適時，請勿硬撐，先讓身體降溫。如下圖般躺下好好休息，如果還是覺得不舒服，請立即至醫院。

移到陰暗處
多喝運動飲料
鬆開衣物
讓身體降溫

傳染病大流行！你該如何因應？

傳染病是病原體入侵人體內引起的疾病。十四世紀的歐洲受到鼠疫影響，改變了世界歷史。

一旦傳染病擴散……

傳染病擴散至全世界稱為全球大流行，不只會影響我們的生活，對於世界經濟也會造成很大的衝擊。

從二〇一九年開始流行的新冠肺炎，導致許多國家採用封城等相關防疫措施，造成所有經濟活動停擺，形成嚴重問題。

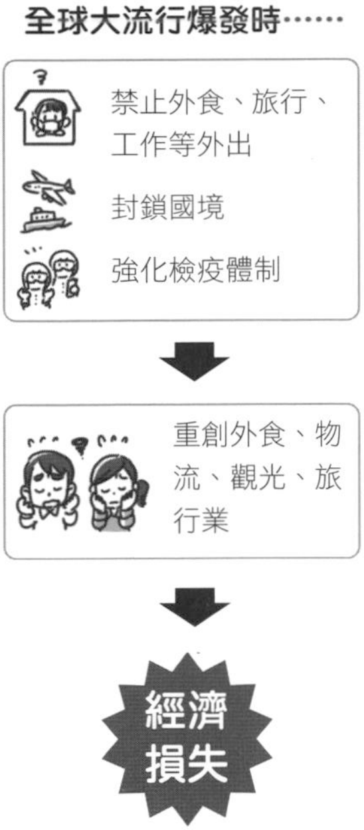
全球大流行爆發時……
禁止外食、旅行、工作等外出
封鎖國境
強化檢疫體制
重創外食、物流、觀光、旅行業
經濟損失

全世界的傳染病對策

WHO（世界衛生組織）是針對傳染病全球大流行，進行各種國際支援的組織。WHO是聯合國底下的相關機構，對於聯合國的會員國給予保健指引，並負責各國之間的協調工作。

各國會參考WHO的意見，採取傳染病對策。以新冠疫情為例，呼籲民眾減少非緊急與不必要的外出，有些國家甚至直接明令禁止民眾外出。除此之外，還包括減少捷運的營運班次，減少人員流動，實施停課與遠距上課，禁止員工到公司上班，採取居家辦公等對策。

台灣的傳染病政策

為了預防傳染病的流行，台灣訂定了《傳染病防治法》。這是一部根據危險度，將傳染病區分成一到五類，並視實際狀況讓確診者住院的法律。如遇到必須儘速因應的傳染病，也能依法指定為「法定傳染病」。

此外，根據病原體傳染力的強度和危險性，如下表歸納出一到四級「生物安全等級（BSL）」的分類，有能力因應的設施也在規範下進行相關研究。台灣的國防醫學院預防醫學研究所是國內現行唯一的一個研究BSL4病原體的機構。

分類	傳染病名稱
第一類	狂犬病、天花、鼠疫、嚴重急性呼吸道症候群等
第二類	登革熱、茲卡病毒、傷寒、瘧疾等
第三類	急性病毒性肝炎、結核病、破傷風、日本腦炎等
第四類	恙蟲病、水痘併發症、李斯特菌症、萊姆病等
第五類	嚴重特殊傳染性肺炎、新型流感、依波拉病毒、中東呼吸症候群等

根據衛生福利部疾病管制署資料製成

危險度（高→低）

等級	說明
BSL 4	病毒可人傳人，尚未找出有效治療法的伊波拉病毒等病原體
BSL 3	雖有嚴重影響，但有治療法的SARS、禽流感等病原體
BSL 2	沒有重大影響，也有治療法的麻疹、水痘等病原體
BSL 1	對人體無害的病原體、減毒活疫苗等

什麼是免疫？

我們的生活周遭其實存在有許多病原體，但我們卻不會這麼輕易生病，這是因為我們的體內有可以消滅病原體的免疫系統。

免疫就是「免除疫病」的意思，亦即避免罹患傳染病。人體內存在著與免疫相關的淋巴球（T細胞與B細胞），以及巨噬細胞與樹突狀細胞等吞噬細胞，它們會如左圖般排除入侵人體內的各種病原體。不僅如此，淋巴球會記憶該病原體的相關資訊，儲存在體內，下次遇到相同病原體入侵時，就會產生免疫反應。

說得簡單一點，只要得過一次，絕大多數人不會再得第二次的現象，就是「已經具備免疫力」。

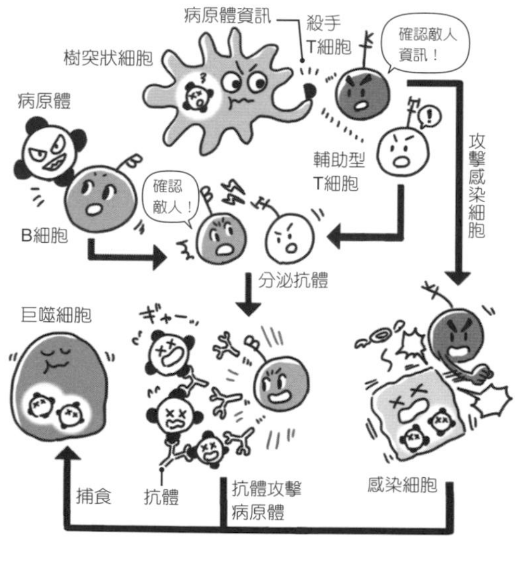
病原體資訊
殺手T細胞
確認敵人資訊！
樹突狀細胞
病原體
輔助型T細胞
攻擊感染細胞
確認敵人！
B細胞
分泌抗體
巨噬細胞
ギャー
捕食
抗體
抗體攻擊病原體
感染細胞

疫苗的運作機制

各位是否曾經為了預防流行性感冒注射疫苗？疫苗的原理就是利用身體的免疫系統。

疫苗是先去除或削弱病原體的毒性，再注射至人體內，就能以人工方式創造免疫力。記錄病原體資訊的細胞能讓我們在第二次感染相同疾病時，迅速產生免疫反應，排除病原體，讓人不易罹患傳染病。

個人能做的事情

為了不罹患、不傳播傳染病，我們每個人能做許多事情來預防疫病。

●**多漱口，勤洗手！** 有些病原體是從嘴巴侵入人體的。病原體一旦沾在手上，就很容易侵入人體。想要阻止病毒入侵，漱口、洗手都很重要。

●**避免三密！** 打噴嚏與咳嗽的飛沫含有病原體。為了避免受到感染或傳染給其他人，一定要避免三密，也就是**密**閉空間（通風不良之處）、**密**集場所（人潮擁擠之處）與**密**切接觸（與別人說話時彼此維持一個手臂的距離）。

此外，還要做好咳嗽禮儀（咳嗽或打噴嚏時要遮住口鼻），不妨多加搜尋相關資訊，找出一些自己做得到的防疫對策。

避難時的防疫對策

發生重大災害時，可能需要與其他人一起待在避難所一段時間。接下來為各位介紹在傳染病流行期間，需要避難時的對策。

到親友家避難、在自己家避難	可以到安全的親戚朋友家避難。如果自己的家安全無虞，請待在家裡避難。
避難該帶的隨身物品	除了防災儲備品之外，還要加上體溫計、口罩、酒精消毒液、拖鞋、垃圾袋等物品。
洗手、漱口、咳嗽禮儀	上廁所後、吃飯前都要洗手，做好基本對策，與眾人在避難所避難時，小心不要發生群聚感染。如果沒有水，請用酒精消毒。
保持安全的社交距離	在避難所也要盡可能拉開距離，如果沒辦法保持社交距離，請用隔板確保個人空間。
廁所	維持廁所整潔，使用前後都要將馬桶蓋擦拭乾淨。
食物	裝在袋子裡的麵包不要拿出來用手撕著吃，請直接隔著袋子拿著吃。 以拋棄式手套或保鮮膜做飯糰，吃的時候也不要用手碰觸食物。

冷知識　傳染病與人類的戰爭史

過去人類曾經跟許多種傳染病搏鬥過，經過各種努力才找到治療或預防多數疾病的方法。舉例來說，我們現在使用的疫苗，最初是用來預防天花的。後來廣泛應用，才製作出能夠對付各種傳染病的疫苗，讓人不易染上這些疾病。

此外，醫界也開發出可以阻礙細菌成長的「抗生素」，對於治療細菌引起的疾病，效果相當好。

不過，最近有越來越多細菌產生抗藥性，越來越不怕抗生素，成為全世界共同面臨的課題。

對病人給予抗生素治療，雖然能夠殺死絕大多數的細菌，但仍然有極少部分的細菌對抗生素產生抗藥性，倖存下來。這些細菌會不斷增生，於是人類又要開發出新的抗生素，接著細菌又產生抗藥性，人類又要開發新藥，陷入無限循環之中。

人類與傳染病的戰爭至今仍然看不見盡頭，正因為如此，我們平常就應該要做好各種預防對策，過規律的生活，提高免疫力，打造不輸給傳染病的健康身體，這才是最重要的。

認為「我不會有事」的心態最危險！小心「正常化偏見」的陷阱

在之前的章節中，介紹了許多天然災害，但我相信仍然會有些讀者認為「這些都不是什麼大事」。這樣的想法稱為「正常化偏見」。由於人類在面對異常的狀態時，還是會想要努力維持平常心，才會出現「正常化偏見」。事實上，這是日常生活中很重要的心理狀態。

不過，若是天災發生時仍然秉持正常化偏見，就會輕忽危險與威脅，誤以為自己很安全，於是延誤避難。調查顯示，二〇一八年發生西日本豪雨時，政府發出了避難指示，卻有大約百分之九十五點五的民眾「認為自己很安全」，完全沒有避難。由此可見，正常化偏見在天災降臨的時候，是非常危險的心態。

該避難的時候就要避難，設定好緊急狀態的因應行動，千萬不要被先入為主的偏見驅使，錯失自救時機。

災難訓練機

要好好看家喔。
知道了，媽媽慢走喔。
等一下有客人會來。先請他進來稍等。
媽媽很快就會回來了。
好！
我想出去玩，不想繼續看家了。
真是無聊。在家裡，一點變化都沒有。
ビュウ
※咻咻咻
ゴゴゴ
ゴゴウ
ゴオ
グラグラ
※轟轟、咻咻咻、颼颼、喀啦喀啦

Q
一名成年人每天至少要喝多少水？①一公升 ②兩公升以上

A
②兩公升以上。根據研究，人體有六成都是水。不過，不要一次喝太多水，分批多喝水才是正確的補水方法。

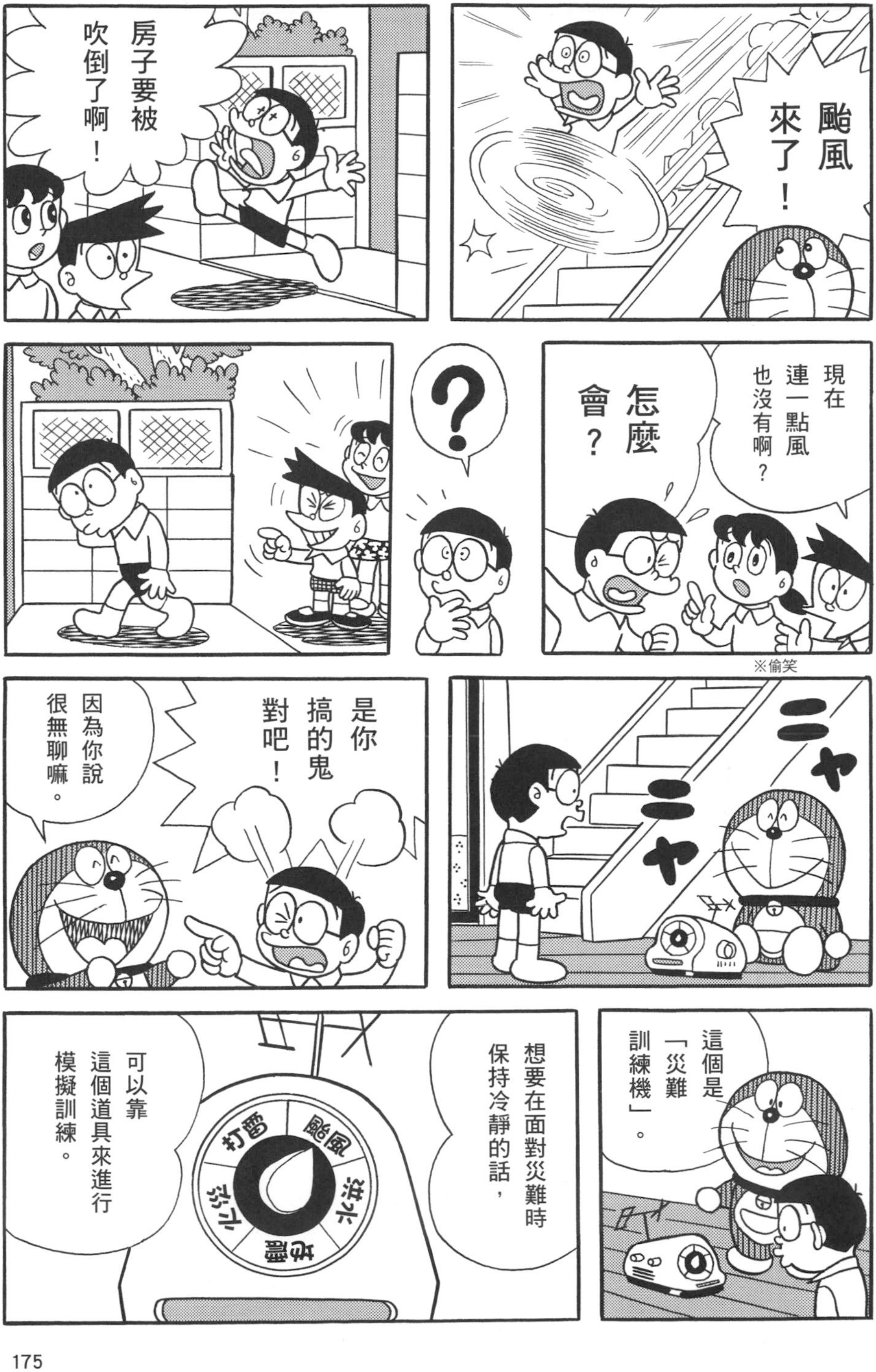

颱風來了！
房子要被吹倒了啊！
現在連一點風也沒有啊？
怎麼會？
?
ニヤ
ニヤ
※偷笑
是你搞的鬼對吧！
因為你說很無聊嘛。
這個是「災難訓練機」。
想要在面對災難時保持冷靜的話，
可以靠這個道具來進行模擬訓練。
打雷
颱風
洪水
地震
火災

天然災害防護罩Q&A

Q 可預防脱水症狀的「口服脱水補充液」只要用水、砂糖和什麼就能輕鬆完成？①醋 ②鹽

A ②鹽。在一公升的水中加入四又二分之一大匙的砂糖（四十克），與二分之一小匙的鹽，充分拌勻即可飲用。

抱歉，打擾了。
歡迎光臨，請進，請進！
順便麻煩您幫忙看家吧。
※啪滋、啪滋
火災啊！

天然災害防護罩Q&A

Q 將自來水倒入寶特瓶保存時，水一定要倒到滿，這是正確的嗎？

A 正確的。為了避免細菌入侵，請將水倒滿至瓶口。不過，飲用水即使在陰涼處也只能放三天，請務必注意。

靈活運用過去的教訓！最新防災對策

台灣的降雨量多，也是颱風必經之處，不只水患頻繁，颱風災情也時有所聞。加上位於板塊附近，地震也多。正因為如此，需要實施許多防災與減災措施。

好厲害！最新技術！

現在已經發展出補強地基土壤的高超技術，強化耐震性並解決土壤液化問題。舉例來說，蓋房子的時候可以挖出較弱的地基土壤，拌入水泥，加強土壤硬度，鞏固地基。此外，道路和水壩四周則在地面注入時間久了就會凝固的硅酸鈉（水玻璃）和水泥等藥劑，這是最常見用來填補土壤縫隙的做法。

還有一種技術是在地面打入椿柱（抗滑椿），如上圖所示，在堅硬地面打入好幾根粗椿，利用這些打入地底深處的抗滑椿，像水壩一樣撐住往下滑動的地面（山崩）。

打入好幾根椿柱，
避免繼續山崩。
滑面
抗滑椿

在水災防範措施方面，還有從降水量預測河川氾濫的系統，以及只要三十秒就能以三次元立體構造觀測雲雨的相位陣列氣象雷達技術等，這些最新技術可幫助我們盡早觀測突然形成的豪雨和龍捲風。

冷知識 利用颱風發電？

每年夏到秋季，颱風都會造成莫大災情。事實上，日本正在開發將颱風的巨大能量轉換成電力的技術。垂直軸馬格努斯型風力發電機，可以將一般風車無法承受的每秒四十公尺的強風轉換成電力，而且四面八方的風力都能接收，葉片可以全方位旋轉。未來還將會進一步改良。

影像提供／Challenergy Inc.

在災害現場

發生災害時，救難人員可能受到火災等影響無法立刻進入到現場，四處散亂的瓦礫也可能讓救難人員看不見亟需救助的傷者。遇到這種情形，最好用的救難工具就是無人機。無人機可以在災難發生時，深入人類無法進入的危險地區，傳送現場的影像資訊。另外，靠著敏銳嗅覺搜尋受災者位置的救難犬，也是家喻戶曉的救災好幫手。

▲救災無人機。

影像提供／photolibrary

▲訓練中的救難犬。

影像提供／日本橫須賀警犬訓練所

▲救難機器人。

影像提供／日本東北大學田所研究室　國際救援系統研究機構

救難機器人也很活躍。救難機器人可以克服瓦礫等艱困地形，利用感應器和相機找出需要救助的人，也能夠移除瓦礫，協助救難隊員完成工作。

社群網站和手機應用程式也能救災！

資通訊科技在救災領域也不落人後！隨著通訊技術發達，地方和中央政府都開始會在各種社群網站上發布各項資訊。經濟部水利署的「行動水情APP」，就是在災害發生時，讓民眾能夠盡早獲得相關資訊的手機應用程式。

這款應用程式的功能包括：

・獲得各種颱風、氣象、水情資訊及各類預警資訊。

・提供停班停課和道路封阻等生活資訊。

・點擊地圖，即可放大縮小各地區淹水、河川水位、水庫及枯旱警戒訊息以及淹水災情地圖。

這些功能可以方便民眾取得即時災情資訊。

話說回來，若災害規模太大導致斷訊，手機應用程式就派不上用場。為了避免這種情形發生，日本有相關機構正在開發利用無人機，在災害發生時中繼傳輸電波，維持手機訊號的先進技術。

災防告警系統

台灣的災防告警系統（Public Warnig System，簡稱PWS），是針對地震和空防所發出的「國家級警報」，就是利用資通訊科技開發而成的實用化防災、減災技術。

當有地震發生，機關發布出警告訊息後，民眾通常四至十秒內就會收到細胞簡訊。這個警報對全民的手機都是預設為開啟，而且無法手動關閉接收，以確保大家都能收到訊息。

地震很難預測，但透過警報，可在強烈搖晃來臨的數秒到數十秒前，知道地震即將發生。這個做法可以幫助民眾盡早做因應準備。

如果在兩個以上的地震觀測點觀測到地震波，且預測最大震度超過四級，政府就會針對震度四以上的地區發布緊急地震警報。

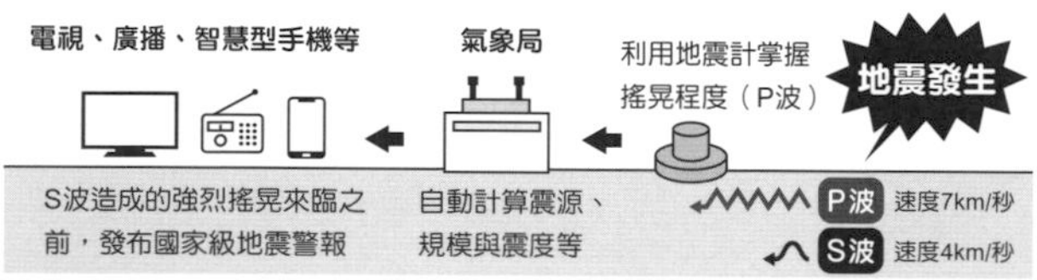
地震發生
利用地震計掌握搖晃程度（P波）
氣象局
電視、廣播、智慧型手機等
P波 速度7km/秒
S波 速度4km/秒
自動計算震源、規模與震度等
S波造成的強烈搖晃來臨之前，發布國家級地震警報

▲國家級地震警報機制。

日本的陸海統合地震海嘯火山觀測網「MOWLAS」

防災科學技術研究所的觀測網「MOWLAS」，是負責觀測日本全國地震、海嘯、火山活動的系統。由日本全國的陸地到海域，總計超過兩千一百處的觀測點組成的「陸海統合地震海嘯火山觀測網」，其目的是觀測各地地震、海嘯與火山。比起過去只觀測路上的系統，MOWLAS在海底觀測地震與海嘯，可提早在最長三十秒之前檢測到地震信號，以及提早在最長二十分鐘之前檢測到海嘯信號。在海嘯來臨之前精確的檢測，能夠爭取到更多的避難時間，這項技術真的是造福人類。未來將增加更多海洋觀測網。地震發生在何時何地，有多大的震度是很難被精準的預測出來。不過，地震大國日本持之以恆的進行著地震研究，產業界與大學等研究機構攜手合作，相信不久的將來，一定可以更精準的預測地震。

台灣方面，在海陸地震聯合觀測網計畫中，已設置完成台灣東部海域地震與海嘯海纜觀測系統，對於東部與東南海域可能發生之致災性地震，能夠爭取十秒以上的預警時間，對遠地海嘯能多爭取二十至三十分鐘之預警時間。

在天災中受傷該如何因應？

天然災害很可能造成人員受傷，平時就要學習處置方法，以備不時之需。

學會急救處理法

●**割傷與擦傷**：用清水清洗傷口，接著以乾淨紗布覆蓋傷口，再用OK繃或繃帶包覆固定。如果傷口很痛，可用溼毛巾冰敷。

若傷口出血，請用乾淨的紗布或手帕蓋住傷口，用力按住傷口直到止血為止。讓傷口高過心臟也能減緩出血狀況，務必記住這一點。

●**骨折、挫傷**：以長度較長的副木固定患部，長度太短的副木無法確實固定。此外，副木也不可以綁太緊，在副木與傷口之間隔著毛巾，才不會過度壓迫患部。

話說回來，以上只是緊急處置，如果傷勢太重，請務必儘早到醫院就醫！

請注意災害發生時特有的傷勢和疾病！

除了一般外傷與疾病之外，有些病症特別容易在災害發生時出現。當中有些症狀是可以預防的，請務必小心，千萬不要造成感染。

●**擠壓綜合症**：身體一部分卡在瓦礫中超過兩小時的傷患，在被救出的數小時後，身體狀況很可能急轉直下。因為瓦礫壓迫肌肉的時間太長，導致細胞死亡，有毒物質會滲入血液中。當壓迫消失，有毒物質就會隨著血液流遍全身，引發症狀。

●**深度靜脈血栓（經濟艙症候群）**：在汽車裡過夜或在避難所長時間維持相同姿勢，體內的靜脈會很容易產生血栓（血塊）。血栓是因為脫水或血液循環不良，導致血液濃縮引起的，有時候血栓會阻塞肺動脈。受災後避難時也要記得補充水分，並且做一些簡單的伸展或運動，維持健康生活。

做好準備！災害儲備清單

發生大規模災害時，可能出現停電、停水、停瓦斯等情形，也可能出現糧食、生活用品與醫藥品不足的危機。為了以防萬一，平時就要準備緊急避難用品，有備無患。

準備一天分的避難用品

如果自宅安全無虞，請待在家中避難。為了因應這種情形，必須事先準備好生活必需品。如果無法在家生活，就必須到避難所避難。遇到這種情形，平時一定要準備一個緊急避難包，放入一定會用到的物品。

接下來，為各位介紹災害發生後，需要外出避難的情形時，必須準備的緊急避難用品。不過，本節介紹的是最低限度的用品，各位可以依照個人需求添加必要物品。將緊急避難用品放入後背包，再將背包放在玄關附近、車裡或屋外的置物櫃。

□ 飲用水	每人一天份為一瓶兩公升礦泉水，為每位家人準備一份。能量果凍飲也要準備一人一份。
□ 緊急糧食	包括即食米飯、均衡營養食品、罐頭、能量棒、高熱量的巧克力與糖果等。
□ 手電筒、乾電池	可以空出雙手的頭燈最方便，連乾電池一起放進包包裡。
□ 行動收音機	收集災情資訊的必需品，可收聽當地的給水資訊。如果有燈就更好了。
□ 智慧型手機、行動電源、充電線	收集資訊的最強夥伴。因應沒電的狀況，要準備好備用電源。
□ 手套、口罩、眼藥水	避免障礙物、粉塵與傳染病上身。
□ 哨子	方便發出求救訊號或提醒他人注意。
□ 雨具（雨衣）	具有保溫效果，還能當外套穿，戶外品牌的雨衣更方便攜帶。
□ 鋁墊	可以防水，也能阻隔從地面或冰冷地板往上竄的寒氣。摺疊後體積很小。
□ 油性筆、布膠帶	膠帶不只可以用來固定，加上筆還能當便條紙，寫下訊息。
□ 塑膠袋	可用來禦寒、處理汙物、搬運或保存水，用途相當廣泛。
□ 急救用品組	備妥常備藥和急救用品。
□ 衛生用品	溼紙巾、面紙也很重要。
□ 貴重物品	現金、健保卡、身分證（影本）
□ 其他	眼鏡等一定要用的物品。

【家庭常備用品】

●食物

儲備備用糧食是很重要的，但一定要記得檢查並更新哦。簡單來說，「平時可以多買一點食材或加工食品，用多少補多少，隨時在家保持一定分量的食物」。每天用多少補多少，不僅不會浪費食物，也不會將食品放到過期。遇到緊急狀態時，還能吃與正常生活差不多的食物，這是最大的優點。

▼主要常備品

□飲用水
□米（生米、真空包裝飯、即食米飯等）
□麵（快煮義大利麵、乾麵等）
□主菜（魚、肉等罐頭、咖哩、燉牛肉、義大利醬等調理食品）
□罐頭（水果、紅豆等）
□零食類（巧克力、鹽糖等）
□營養補助食品

▼次要常備品

□蔬菜汁
□無須加熱就能吃的食品（魚板、起司等）
□可常溫保存的食品（水果、餅乾等）

●生活用品

因應個人的生活型態，準備必需品。平時就要多準備一點維持生活必須用到的生活用品。

□充電式收音機
□手電筒
□乾電池
□痼疾用藥、常備藥
□暖暖包
□行動電源
□急救箱
□調理器具（開罐器、剪刀、刀子）
□塑膠桶
□食品級保鮮膜（用來包覆餐具，省略清洗步驟）
□鋁箔紙（可當餐具或預防用品使用）
□塑膠袋（可當臨時廁所使用）
□卡式瓦斯爐

□瓦斯罐
□打火機
□報紙
□手套
□繩子、膠帶
□瓦楞紙箱

●衛生用品

一般人很容易忘記要準備衛生用品，但這些都是日常生活的必需品，千萬不可忽略。

□便攜式尿袋
□衛生紙
□面紙
□溼紙巾
□垃圾袋
□拋棄式手套
□牙刷
□乾洗手
□口罩
□生理用品

●避難用品

□安全帽或防災頭巾
□哨子或警報器

●嬰幼兒用品

若家中有嬰兒或年紀較小的弟弟或妹妹，不要忘記這些物品！

□條狀奶粉或液狀嬰幼兒配方奶
□奶瓶
□離乳食品
□紙尿布
□嬰兒溼紙巾

●高齡者用品

若有爺爺奶奶，要準備適合高齡長者使用的物品。

□吃起來柔軟的調理粥
□常備藥
□假牙清潔劑
□老花眼鏡
□助聽器電池

十分簡單！實用的防災求生技能

【首先注意保暖，避免失溫】

要避免淋雨、吹風或是受寒，有溫暖的身體才能睡得好。

●衣服篇

活用手邊的衣服

無論是T恤或襪子，手邊的衣服要多穿幾層。不過，過於緊身的衣服會使血液循環不良，反而造成反效果，應注意衣服尺寸，不可壓迫身體。

活用報紙

在內衣和外衣之間包一層報紙，就能發揮保暖效果。先將報紙揉成一團再攤開使用，可以留住空氣，更加保暖。若再包上一層保鮮膜，保暖效果更好。

活用塑膠袋

將四十五公升以上的垃圾袋倒過來，剪三個洞，讓頭與雙手穿過去，既可擋雨，又可擋風，還能維持體溫。再拿一條繩子綁住腰部，效果更好。

●寢具篇

活用毯子

像海苔捲一樣用毯子包住身體，再用繩子綁住腳踝，避免冷空氣進入，就能比平時使用更加溫暖。從胸部捲起可活動自如。

活用保麗龍

將保麗龍鋪在地上，可以大幅隔絕從地面往上竄的冷空氣。

活用瓦楞紙箱

組合瓦楞紙箱，做一個大小剛好適合自己身材的箱子（箱子太大會很冷，要注意）。疊上兩層或三層紙箱，可以進一步提升保暖效果。

冷知識　從體內保暖的小祕訣

在熱紅茶、熱可可等熱飲中，增添薑、肉桂等溫暖身體的食材，進一步提升保暖效果。此外，吃飯時同時攝取身體的能量來源碳水化合物（醣類）與維他命B1、油脂（脂質），就能有效製造能量，確保身體暖和。

●其他生活用品篇

以空罐煮飯

如果手邊有五百毫升的容器，一個空罐可以煮一杯米。以鋁箔紙做蓋子，煮到蓋子往上突起即可。

・**材料**　米：1杯　水：約200mL

・**工具**　500mL的鋁罐、鋁箔紙、開罐器、瓦斯爐、工作手套

・**做法**

❶戴上手套，以開罐器切開鋁罐的上蓋，請小心不要割傷手。

❷放入米，加入200mL水。

❸以鋁箔紙製作蓋子。將兩片鋁箔紙疊在一起，做成筒狀，套在空罐開口，避免蒸氣外漏。

❹開中火，等蓋子往上突起就轉小火，煮20分鐘，直到飄出米飯香。

❺關火，燜10～15分鐘即可。

＊使用火與刀具時，一定要有大人陪同。

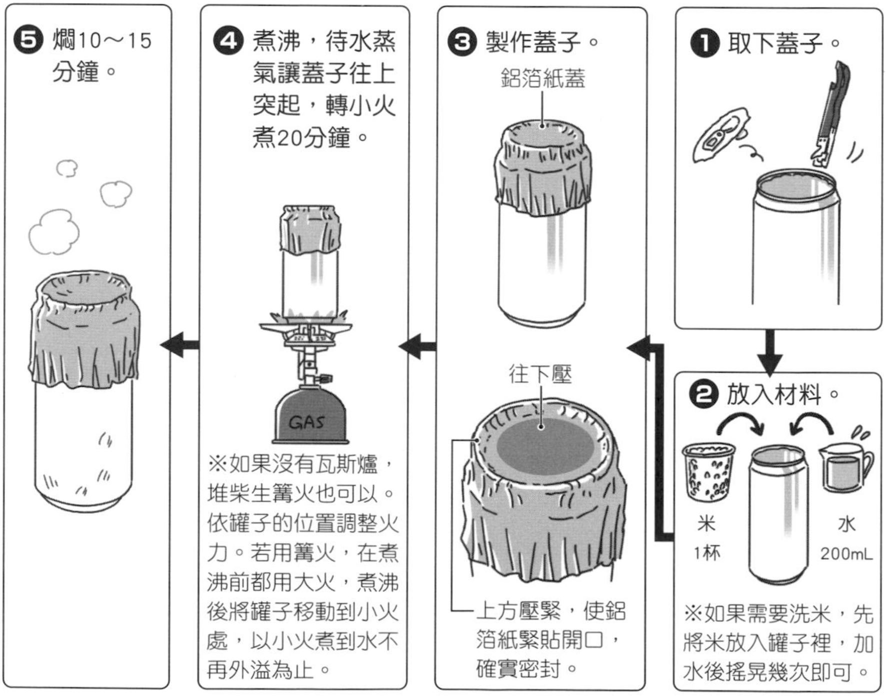

❶取下蓋子。
❷放入材料。
米
1杯
水
200mL
※如果需要洗米，先將米放入罐子裡，加水後搖晃幾次即可。
❸製作蓋子。
鋁箔紙蓋
往下壓
上方壓緊，使鋁箔紙緊貼開口，確實密封。
❹煮沸，待水蒸氣讓蓋子往上突起，轉小火煮20分鐘。
GAS
※如果沒有瓦斯爐，堆柴生篝火也可以。依罐子的位置調整火力。若用篝火，在煮沸前都用大火，煮沸後將罐子移動到小火處，以小火煮到水不再外溢為止。
❺燜10～15分鐘。

好簡單！簡易口罩的做法

避難時戴著口罩可以避免灰塵或煙侵入喉嚨，在避難所生活時，也可以幫助我們保持咳嗽禮儀。臨時需要時，可用手邊現有的物品自行做一個。

・**材料** 廚房紙巾或紙毛巾：1片、橡皮筋：2條

・**工具** 釘書機

・**做法**

❶將廚房紙巾或紙毛巾對摺後攤開，將兩端往中間摺，摺出4等分的摺痕。

❷像風琴一樣，朝摺痕由外往內摺。

❸用訂書針將橡皮筋固定在兩端，攤開廚房紙巾，依照橡皮筋位置調整口罩大小。

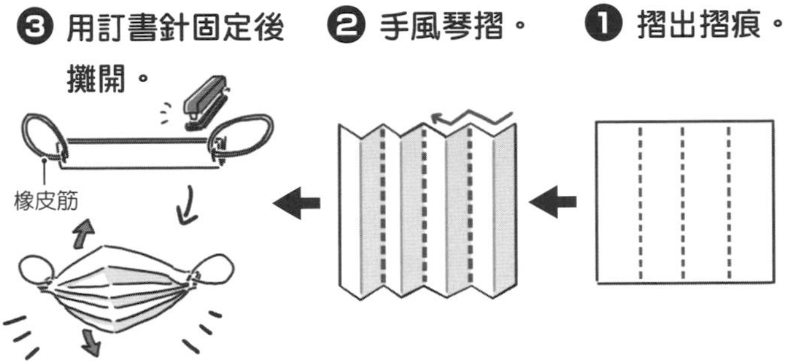
❶ 摺出摺痕。
❷ 手風琴摺。
❸ 用訂書針固定後攤開。
橡皮筋

不可或缺的廁所也能自己做

為了保持衛生習慣，廁所是很重要的一環。學會做簡易廁所，遇到停水狀況，又一堆人在排臨時廁所時也無須慌張。

【利用現有馬桶的方法】

・**材料** 塑膠袋、報紙

・**做法**

❶掀起馬桶蓋，放上兩層塑膠袋，蓋住馬桶。

❷將報紙撕碎，放入塑膠袋中，放下馬桶蓋。

❸大功告成！如廁後只要換掉上面那一層塑膠袋即可。

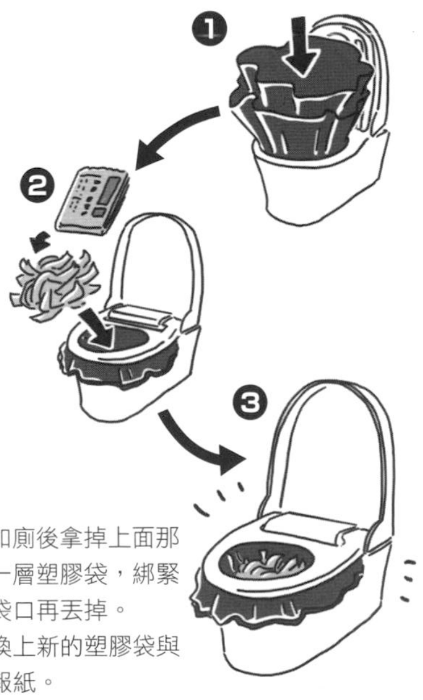
❶
❷
❸

如廁後拿掉上面那一層塑膠袋，綁緊袋口再丟掉。換上新的塑膠袋與報紙。

哆啦A夢知識大探索 3

天然災害防護罩

●漫畫／藤子・F・不二雄

●原書名／ドラえもん探究ワールド——自然の脅威と防災

●日文版審訂／Fujiko Pro、靜岡大學防災綜合中心

●日文版修訂／［第三章］村越真（靜岡大學教授）、［第一章］生田領野（靜岡大學準教授）

●日文版協力／［第二章］谷川彰英（筑波大學名譽教授）

●日文版撰文／中野志穗、山本悟、田中佑一（編輯）　●日文版協力撰文／大石裕美

●日文版版面設計／大澤洋二（Craps）　●日文版版型設計、排版／Act

●日文版封面設計／有泉勝一（Timemachine）

●日文版編輯／楠元順子　●插圖／佐田 Miso、中山 Kesho、東裏榮美、八神旭宏

●翻譯／游韻馨　●台灣版審訂／蔡宗翰

發行人／王榮文

出版發行／遠流出版事業股份有限公司

地址：104005 台北市中山北路一段 11 號 13 樓

電話：(02)2571-0297　傳真：(02)2571-0197　郵撥：0189456-1

著作權顧問／蕭雄淋律師

2021 年 10 月 1 日 初版一刷　　2024 年 6 月 1 日 二版一刷

定價／新台幣 350 元（缺頁或破損的書，請寄回更換）

ISBN 978-626-361-664-6

YLib 遠流博識網　http://www.ylib.com　E-mail:ylib@ylib.com

◎日本小學館正式授權台灣中文版

●發行所／台灣小學館股份有限公司

●總經理／齋藤滿

●產品經理／黃馨瑝

●責任編輯／李宗幸

●美術編輯／蘇彩金

國家圖書館出版品預行編目資料（CIP）

天然災害防護罩 / 日本小學館編輯撰文；藤子・F・不二雄漫畫；游韻馨翻譯. -- 二版. -- 台北市：遠流出版事業股份有限公司，2024.6

面；　公分. --（哆啦 A 夢知識大探索；3）

譯自：ドラえもん探究ワールド：自然の脅威と防災

ISBN 978-626-361-664-6(平裝)

1.CST: 自然災害　2.CST: 漫畫

367.28　　113004867

DORAEMON TANKYU WORLD
—SHIZEN NO KYOI TO BOSAI—
by FUJIKO F FUJIO

※本書為 2020 年日本小學館出版的《自然の脅威と防災》台灣中文版，在台灣經重新審閱、編輯後發行，因此少部分內容與日文版不同，特此聲明。